国家自然科学基金项目（51674191、51504187、51704226）资助
中国博士后科学基金项目（2016M592819）资助

陕北侏罗纪煤低温氧化反应性及动力学基础研究

王　凯　著

中国矿业大学出版社

内 容 提 要

我国陕北地区的侏罗纪煤层变质程度普遍较低,在开采过程中自燃危险性高。本书采用理论分析、实验研究和数学计算相结合的方法,系统研究了陕北侏罗纪煤的物理与化学基础特性,分析了低温氧化过程中热动力学特征和关键活性基团,从关键活性基团反应性角度对陕北侏罗纪煤低温氧化动力学过程进行了微观解释,对侏罗纪煤自燃防治新材料与新技术的研发具有一定的理论指导意义。

本书可供安全科学与工程、矿业工程等相关专业的高等院校、科研院所的师生和研究人员参考使用。

图书在版编目(CIP)数据

陕北侏罗纪煤低温氧化反应性及动力学基础研究/
王凯著. —徐州:中国矿业大学出版社,2018.5

ISBN 978 - 7 - 5646 - 3980 - 8

Ⅰ.①陕… Ⅱ.①王… Ⅲ.①侏罗纪—煤层—变质反
应—动力学—研究—陕北地区 Ⅳ.①P618.110.4

中国版本图书馆 CIP 数据核字(2018)第 112574 号

书　　名	陕北侏罗纪煤低温氧化反应性及动力学基础研究
著　　者	王　凯
责任编辑	黄本斌
出版发行	中国矿业大学出版社有限责任公司
	(江苏省徐州市解放南路　邮编221008)
营销热线	(0516)83885307　83884995
出版服务	(0516)83885763　83884920
网　　址	http://www.cumtp.com　**E-mail**:cumtpvip@cumtp.com
印　　刷	徐州中矿大印发科技有限公司
开　　本	787×1092　1/16　**印张** 9　**字数** 181 千字
版次印次	2018 年 5 月第 1 版　2018 年 5 月第 1 次印刷
定　　价	30.00 元

(图书出现印装质量问题,本社负责调换)

前　言

煤自燃是煤炭开采和利用过程中的重大灾害之一,不仅烧毁或冻结资源、威胁人员安全、污染大气、恶化生态环境,而且容易引发瓦斯或煤尘爆炸等重大次生灾害。我国陕北地区赋存的侏罗纪煤层埋藏较浅、变质程度较低,自燃危险性高,在开采过程中普遍存在氧化自燃现象,严重地影响了煤炭的安全高效开采,其自燃的微观机理及宏观特性参数亟待系统深入研究。

近年来,在国家自然科学基金项目"西北侏罗纪煤自燃反应模型及其热动力学基础研究"(51674191)、"促进高变质煤氧化自燃的热动力学导因基础研究"(51504187)、"氧化煤自燃性增强的微观特征及构效关系研究"(51704226)及中国博士后科学基金面上项目"陕北侏罗纪煤低温氧化反应性及热动力学基础研究"(2016M592819)等资助下,笔者采用理论分析、实验研究和数学计算相结合的方法,系统开展了陕北侏罗纪煤低温氧化反应微观机理及宏观特征的研究,微观上研究了煤表面活性基团在氧化过程中的动态分布特征,宏观上建立了陕北侏罗纪煤的热动力学模型,掌握了其自燃的动力学参数,通过数学分析确定出了煤低温氧化的关键活性基团,进一步揭示了煤自燃的实质,将煤自燃研究从宏观深入到了微观,为陕北侏罗纪煤自燃防治新材料和新技术研究提供了理论基础。

全书一共九章。第一章绪论,主要介绍我国侏罗纪煤炭资源分布特点、防治技术热点及发展趋势、煤自燃基本理论及陕北侏罗纪煤自燃相关研究现状;第二章采用工业分析仪、元素分析仪、物理化学吸附仪、X射线衍射仪、扫描电子显微镜和傅里叶红外光谱仪等实验手段,系统研究了陕北侏罗纪煤的煤质与元素组成、微晶结构、比表面积、孔径分布、微观形态及官能团分布特征,分析了物理化学结构与煤氧吸附特征对陕北侏罗纪煤自燃特性的影响规律;第三章利用热重与红外联用实验,研究了陕北侏罗纪煤氧化和热解过程的质量与气体产物变化,得到其低温氧化过程的阶段性特征,基于热分析动力学方法,计算了陕北侏罗纪煤低温氧化过程两个阶段的热动力学参数,建立了两个阶段的动力学模型;第四章采用差示扫描量热实验,研究了陕北侏罗纪煤氧化与热解过程的热效应变化,得到了低温氧化过程两个阶段的热效应特性,掌握了侏罗纪煤氧化过程吸热、放热速率特性;第五章采用原位漫反射傅里叶红外光谱仪,测试了陕北侏罗纪煤热解和氧化过程的主要官能团变化特征,确定了陕北侏罗纪煤低温氧化过程两个阶段的活性基团及其变化规律;第六章基于数学分析方法,计算了陕北侏罗纪煤氧化过程活性基团与表观活化能变化的相关性,定量表征了不同活性基团对氧化过程的影响程度,确定了陕北侏罗纪煤样低温氧化过程两个阶段的关键活性基团,从关键活性基团反应性角度微观解释了陕北侏罗纪煤氧化动力学及热效应特性。

本书在撰写过程中,得到了邓军教授、文虎教授、张辛亥教授、罗振敏教授、刘向荣教授、翟小伟教授、张嬿妮副教授、王彩萍副教授等的帮助和指导;赵婧昱等博士、硕士研究生做了大量实验工作,付出了辛勤劳动,在此,向他们致以最诚挚的感谢!

本书在写作过程中参考了国内外许多学者的有关研究成果和论著,书中所引用的学术成果在参考文献中列出并作了标注,但仍可能有疏漏,敬请见谅。

由于作者的能力和精力所限,书中还有很多不足的地方,希望得到同行专家和广大读者的批评指正。

作　者
2018 年 1 月

主要符号表

A—— 反应的表观指前因子；

A_θ——XRD 谱图衍射峰面积；

C—— 与吸附能力相关的常数；

d_{hkl}—— 煤结构中芳香层片的层间距；

$\mathrm{d}v(r)$—— 总孔容对孔径（半径）的微分；

E—— 反应的表观活化能；

$f(\alpha)$—— 反应机理函数的微分形式；

$G(\alpha)$—— 反应机理函数的积分形式；

H——XRD 谱图衍射峰高度；

K_1,K_2——Scherrer 常数；

k—— 反应速率常数；

L_a—— 煤结构中芳香结构延展度；

L_c—— 煤结构中芳香结构堆砌高度；

M_c—— 煤结构中有效堆砌芳香片数；

P—— 煤化度；

p—— 压力；

p_0—— $-196\ ^\circ\mathrm{C}$ 下氮气的饱和蒸汽压；

R—— 通用气体常数；

R_i—— 关联度；

T—— 温度；

t—— 时间；

V—— 实验煤样表面实际吸附氮气的量；

V_m—— 实验煤样的单层氮气饱和吸附量；

w—— 衍射峰宽度；

$x_0(k)$—— 活性基团变化序列；

x_c—— 衍射峰中心位置 2θ 角度；

$Y(k)$—— 活化能变化序列；

y_0——XRD 谱图的基线位置；

α——t 时刻煤质量变化的转化率；

β—— 升温速率；

β_{002}—— 煤结构 XRD 谱图中 002 衍射峰的半峰宽；

β_{100}—— 煤结构 XRD 谱图中 100 衍射峰的半峰宽；

λ——X 射线的波长；

θ_{002}——002 衍射峰对应的布拉格角；

θ_{100}——100 衍射峰对应的布拉格角；

$\xi_i(k)$—— 关联系数；

ρ—— 分辨系数。

目　　录

第一章 绪 论

第一节 概 述

一、我国侏罗纪煤炭资源分布及开发趋势

1. 我国侏罗纪煤炭资源分布特征

煤炭作为我国现代化建设的主体能源和基础能源,在"十二五"规划期间占全国一次能源结构的 70% 左右[1],同时作为我国化工、建筑、电力等行业的重要原料之一,煤炭供应和安全事关我国现代化建设全局。

我国的含煤盆地较多,目前已预测的总储量位于世界前列,煤种较为齐全但地域分布不均,呈"西多东少,北富南贫"的特点,聚煤期较多且跨度较大,成煤时期具有地域性。根据第三次全国煤田预测数据显示,我国侏罗纪和石炭-二叠纪煤的总储量达到 75% 以上,其中侏罗纪煤炭资源量最多,占已发现煤炭资源总量的 39.6%,其次为石炭-二叠纪,我国各主要聚煤期在所形成的资源数量方面的重要性,同全球性主要聚煤期的重要性是基本一致的。我国煤炭资源的自然分布相对比较集中,在全国形成了几个重要的煤炭分布地区。昆仑山—秦岭—大别山一线以北的北方地区,已发现煤炭资源占全国的 90.3%(若不包括东北三省和内蒙古东部地区则为 77.4%),而北方地区的煤炭资源又主要集中在太行山—贺兰山之间的地区,占北方地区的 65% 左右,形成了包括山西、陕西、宁夏、河南及内蒙古中南部的富煤地区(华北赋煤区的中部和西部)。新疆占北方地区已发现煤炭资源的 12.4%,为我国又一个重要的富煤地区(西北赋煤区的西部),秦岭—大别山一线以南的南部地区,已发现煤炭资源只占全国的 9.6%,而其中的 90.4% 集中在川、贵、云三省,形成以贵州西部、四川南部和云南东部为主的富煤地区(华南赋煤区的西部)。在东西分带上,大兴安岭—太行山—雪峰山一线以西地区,已发现煤炭资源占全国的 89%,而该线以东仅占全国的 11%。

在垂深 2 000 m 以浅的预测煤炭资源中,侏罗纪煤所占比例达到 65.5%[2],且主要分布于我国西部地区,其次为石炭-二叠纪煤,占 22.4%;南方晚二叠纪煤占 5.9%;白垩纪煤占 5.5%;古近纪和新近纪煤占 0.4%;晚三叠纪煤仅占

0.3%。垂深 1 000 m 以浅的预测煤炭资源中，侏罗纪煤占 62.9%；石炭-二叠纪煤占 15.8%；白垩纪煤占 11.4%；南方晚二叠纪煤占 8.5%；古近纪和新近纪煤占 0.7%；晚三叠纪煤占 0.6%。而垂深 600 m 以浅的预测煤炭资源量仍以侏罗纪煤为最多，以下依次为白垩纪、石炭-二叠纪、南方二叠纪、三叠纪、古近纪和新近纪。西部地区侏罗纪煤煤质优良，具有低灰、低硫、低磷等特点，我国 90% 的"优质煤"来源于西部侏罗纪煤[3]。

陕西煤炭资源十分丰富，分布地区较广，约占全省总面积的四分之一，97 个县(市)中，67 个县(市)有煤炭资源，其中 47 个县(市)具备一定规模的煤炭生产能力。预测煤炭资源量 3 800 亿 t，居全国第四位；累计探测储量 1 700 亿 t，居全国第三位。秦岭以北有渭北石炭-二叠纪煤田、黄陇侏罗纪煤田、陕北侏罗纪煤田、陕北三叠纪煤田和陕北石炭-二叠纪煤田；秦岭以南有陕南煤田。按照地质年代及地域分布情况，陕西省主要煤炭资源可分为五大煤田，即陕北侏罗纪煤田、陕北石炭-二叠纪煤田、陕北石炭-三叠纪煤田、渭北石炭-二叠纪煤田和黄陇侏罗纪煤田，五大煤田的煤炭资源量占全省煤炭资源总量的 99.9% 以上。

其中，陕北地区侏罗纪煤田位于陕西府谷、神木、榆林、横山、靖边、定边一带，分布着榆神、榆横、神府三大矿区，煤炭资源量 2 216 亿 t，约占全省煤炭资源总量的 53.5%；累计探明储量为 1 388 亿 t，已利用 60 多亿吨，尚未利用 1 000 多亿吨，是世界八大煤田之一。此外，陕北黄陵地区也分布有黄陇侏罗纪煤田，煤炭资源量 230.5 亿 t，约占全省煤炭资源总量的 5.6%；探明储量 139.2 亿 t，已利用 45.9 亿 t，尚未利用 93.3 亿 t。煤种为长焰煤、不黏煤，具有特低灰、特低硫、特低磷、高发热量、高挥发分、高化学活性，即"三低三高"的特点，有"天然洁净煤"的称号，已被全国多个城市指定为城市环保专用煤。可广泛用于：① 动力用煤；② 气化用煤；③ 活性炭用煤；④ 低温干馏生产半焦；⑤ 高炉喷吹；等等。考虑到黄陵在地理位置上位于陕北的边界，同时也是主要的侏罗纪煤田，本书的研究将黄陇矿区作为陕北侏罗纪煤田进行研究。

2. 我国煤炭资源开发趋势

21 世纪以来，我国煤炭发展成就显著，供应能力急剧增长，能源结构相对优化，节能减排取得一定成效，科技进步迈出新步伐，国际合作取得新突破，有效保障了经济社会持续发展。当前，世界政治、经济格局深刻调整，能源供求关系深刻变化。我国煤炭资源利用约束日益加剧，生态环境问题突出，调整结构、提高能效和保障能源安全的压力进一步加大，煤炭能源发展面临一系列新问题和新挑战。同时，受可再生能源、非常规油气和深海油气资源开发影响，煤炭资源清洁化利用要求更高。从现在到 2020 年，是我国全面建成小康社会的关键时期，是能源发展转型的重要战略机遇期，为贯彻落实党的十九大精神，推动能源生产和消费革命，打造中国能源升级版，必须加强全局谋划，今后一段时期我国能源发展将明确总体方略和行动纲领,推动能源创新发展、安全发展、科学发展,煤炭消费比重将控制在 62% 以内,期间将重点建设晋北、晋中、晋东、神东、陕北、黄陇、宁东、鲁西、两淮、云贵、冀中、河南、内蒙古东部、新疆等 14 个亿吨级大型煤炭基地。到 2020 年,14 个基地产量将占全国的 95%,侏罗纪煤将得到重点开发。

我国经济增速放缓,结构调整加快,煤炭需求减弱,煤炭供需失衡矛盾日益突出。煤炭行业按照党中央、国务院关于化解产能严重过剩矛盾、节能减排、治理大气污染等工作要求,结合产业发展规律,以控总量、调结构、强管理、促改革为缓解当前煤炭行业困难的重要举措,以坚持规划引领、有序发展、优胜劣汰、强化监管为调控总量和优化布局的基本原则,进一步促进煤炭工业提质增效升级。根据国家能源局出台《关于调控煤炭总量优化产业布局的指导意见》(以下简称《意见》),对煤炭行业总量调控、优化布局、项目审批、产能管理、深化改革等工作提出一系列具体意见。根据《意见》,今后一段时期,东部地区原则上将不再新建煤矿项目;中部地区(含东北)将保持合理开发强度,按照"退一建一"模式,适度建设资源枯竭煤矿生产接续项目;西部地区将加大资源开发与生态环境保护统筹协调力度,重点围绕以电力外送为主的千万级大型煤电基地和现代煤化工项目用煤需要,在充分利用现有煤矿生产能力的前提下,新建配套煤矿项目。

在我国煤炭工业发展的"十三五"规划中,全国煤炭开发总体布局是压缩东部、限制中部和东北、优化西部[4]。东部地区煤炭资源枯竭,开采条件复杂,生产成本高,逐步压缩生产规模;中部和东北地区现有开发强度大,接续资源多在深部,投资效益降低,从严控制接续煤矿建设;西部地区资源丰富,开采条件好,生态环境脆弱,加大资源开发与生态环境保护统筹协调力度,结合煤电和煤炭深加工项目用煤需要,配套建设一体化煤矿。"十二五"期间已对位于西部的陕北地区侏罗纪煤田进行了重点勘探和开发,如已规划开发的神东、黄陇等矿区。"十三五"规划期间,根据全国煤炭开发总体布局,将对陕北地区侏罗纪煤田继续重点开发。陕北侏罗纪煤田主要位于我国西部的鄂尔多斯盆地,区内分布有神府、榆神、黄陇等大型煤炭基地,主要含煤地层是侏罗系中下统延安组,呈煤层群形式赋存,煤层厚度大、储量丰富、品质优,并且埋藏较浅、地质构造简单、开采条件优越,已成为我国优质煤生产和出口的重要基地之一[5]。

二、陕北侏罗纪煤层自然发火现状

随着经济的快速发展,煤炭开采量在逐年增加,煤矿安全问题也日益严峻,其中煤自然发火是威胁煤矿安全生产最为突出的问题之一。据统计,每年全国因为煤自燃直接和间接引起的煤炭资源损失量在 2 亿 t 左右,同时对地表和大气环境产生重大影响,自燃区域上覆地层被烧烤变质形成裂隙或塌陷成不毛之地,并直接威胁着周边动植物生长,并且自燃过程中向大气释放大量有害气体,如 CO、CO_2 和 SO_2 等。而且，严重的煤自燃还会引起有毒有害气体超标，导致中毒事件甚至煤尘、瓦斯爆炸，进而造成严重的人员伤亡与财产损失事故。因此，煤炭自燃已在"中国 21 世纪议程"中被列为重大自然灾害类型之一。

陕北侏罗纪煤在为我国提供优质资源的同时，由于其聚集规律等原因，与东部的石炭-二叠纪煤相比，在物理化学性质上存在着较大差异，且现有的煤田地质学理论主要是基于对华北石炭-二叠纪煤的研究[6]。从 20 世纪八九十年代开始，张泓、王双明等国内学者对我国侏罗纪煤的成煤地质条件、煤岩及煤质特征进行了研究和总结，得到了侏罗纪煤的富含惰性组、弱还原性以及变质程度总体较低等特点[7-9]。氧化自燃性是煤的内在属性，煤的氧化自燃不但浪费了大量的资源，同时产生的有毒有害气体对环境造成了严重污染，对于煤矿安全生产也有极大的威胁，甚至会引起瓦斯或煤尘爆炸等次生灾害。在我国，煤火灾害强度总体呈西强东弱的态势，西部自燃程度较高的主要为早、中侏罗纪成煤时期的中、低变质煤层，且在煤火灾害发生的数量、规模以及煤炭损失量等方面均居首位[10-11]。据统计，在我国历史上最早记录的自燃煤层是陕北神府侏罗纪煤田，其自燃始于早白垩世晚期，且煤自燃的规模较大，燃烧造成了煤层上覆岩层的"变质"，次生了地表沉陷、地下水破坏和土壤侵蚀等问题，进一步破坏了生态环境，由煤自燃及其相关次生灾害所引发的安全与环境问题，严重影响了煤炭工业的可持续发展以及生态环境的保护。

经过长期的研究表明，煤自燃过程中的反应性与煤的物理化学性质存在密切关系，自燃的发生和发展主要是由于煤分子结构中的活性基团与氧发生物理吸附、化学吸附和化学反应，反应产生的热效应导致了次生活性基团的产生与消耗，表现为宏观的动力学过程。因此，可以从活性基团的氧化反应性角度揭示煤自燃过程，而某些活性基团对煤低温氧化过程放热性的贡献较大，可能起到了促进煤自燃的关键性作用，称为低温氧化过程的关键活性基团，从关键活性基团的反应性角度可以进一步揭示煤自燃机理。考虑到侏罗纪煤与石炭-二叠纪煤的地质特征与成煤作用区别，加上前期对陕北侏罗纪煤与东部石炭-二叠纪煤氧化自燃性的对比研究[12]，陕北侏罗纪煤低温氧化过程具有一定的特点，而目前对不同地域及成煤时期煤自燃特性的系统性研究相对较少，因此有必要以陕北侏罗纪煤自燃过程为研究对象，进行系统性研究。

第二节　煤自燃相关研究

一、煤自燃理论

从 17 世纪开始煤自燃问题得到了世界上众多学者的广泛探索研究，截止到 20 世纪 90 年代，已经提出了多种煤自燃学说，主要包括黄铁矿导因学说、细菌导因学说、酚基导因学说、电化学作用学说、自由基作用学说、氢原子作用学说以及基团作用理论等[13]。其中,由于煤氧复合作用学说阐明了煤自燃过程中的主导因素,即煤与氧反应放热,得到了国内外大多数学者的认同。

近些年,很多学者在煤氧复合作用学说的基础上,采用更多的方法和先进的实验技术手段对煤自燃机理做了进一步的研究,并从不同角度对煤自燃过程进行了解释,提出和发展了一些新的煤自燃理论。徐精彩等认为煤自燃是由于煤氧复合作用放出热量引起的,氧化放热是引起煤自发反应进而达到自然发火的根本原因之一,以自主研发的大型煤自然发火实验为基础,进行了大量的实验研究与现场应用,并基于此得出了煤氧化性和放热性的计算模型,提出了煤自燃危险区域判定理论[14]。

王继仁、邓存宝[15]结合了红外光谱实验与量子化学模拟方法,首先从微观角度实验测试了煤分子结构中不同官能团的变化规律,并模拟了煤结构中不同官能团与氧的物理吸附、化学吸附和化学反应过程,提出了煤微观结构与组分量质差异自燃理论。

陆伟等[16]采用绝热氧化与红外光谱实验方法,研究了煤自燃过程中的动力学特性和煤中官能团的变化规律,得到了绝热氧化过程中活化能随着温度的增加而升高,且煤分子结构中不同官能团的氧化能力不同,参与氧化反应所需要的温度和活化能量不同,经过活化之后发生反应放出更多的热量,从而不断活化煤体内不同反应性的活性基团,并促使与氧气进一步发生反应放出热量,最终自发促进煤的自燃,据此于2007年提出了煤自燃逐步自活化反应理论。

李林、比米什(B. B. Beamish)等[17]于2009年采用澳大利亚昆士兰大学的绝热实验装置对9个典型煤样进行了实验测试,得到了煤在绝热氧化过程中不同温度下的活化能变化曲线,发现煤的绝热氧化反应活化能随温度升高而逐渐降低,即温度越高,煤氧化反应需要的能量越小,煤越容易被活化,认为煤从被动氧化到自发氧化反应存在临界温度及相应的临界活化能,并分别定义为零活化能温度与零活化能,基于以上分析提出了煤自然活化反应机理。

王德明等[18]于2014年以煤结构及其反应的复杂性为基础,综合分析了煤分子结构中活性基团种类、结构形式及其在反应中转化特性,构建了煤自燃过程中的活性结构单元,采用前线轨道理论和量子化学模拟计算了活性位点上的电子转移、完整反应路径、活化能及焓变,建立了煤自燃过程中的13个基元反应及其反应顺序和继发性关系,认为由于氧气的持续作用,致使煤中原生结构转化为碳自由基,并释放气体产物,整个过程为低活化能链式循环的动力学过程,并提出了煤氧化动力学理论。

邓军、文虎等[19]在经过大量煤自燃实验及现场防灭火实践基础上,发展了煤氧复合综合作用学说,利用热分析、煤自燃程序升温及大型煤自然发火实验发现了 8 个煤自燃特征温度及其对应的指标气体特征,掌握了煤氧复合过程中耗氧与放热等宏观特征参数,实现了煤自燃特性的定量表征,并率先采用量子化学理论,阐明了煤分子表面活性基团的氧化放热机制,从微观上揭示了煤氧复合机理,提出了煤自燃微观理论[20]。

二、煤结构的研究

煤在热解、氧化自燃过程中,由于反应性不同,表现出宏观特性的差异,而反应性与其微观结构变化有着密切联系,因此,煤分子结构一直是煤科学领域的研究热点和重要的基础研究内容。目前,煤结构的研究方法主要有四种,即:化学方法、物理方法、物理化学方法和计算机辅助设计法[21]。化学方法包括氧化、热解、传统的溶剂抽提和溶胀等,主要结合发生化学反应后的产物推断煤的结构;物理方法包括红外光谱、X 射线衍射、紫外-可见光谱、新兴的计算机断层扫描、核磁共振成像、电子显微镜等;物理化学方法主要是集合了化学法和物理法的优势,综合表征煤的综合结构;计算机辅助设计法是根据物理和化学研究方法所得到的煤结构信息,采用量子化学理论,通过计算机软件模拟构建相似的煤结构模型,并通过实验测试的结构特征及反应性等参数进行验证。综合采用以上方法,国内外众多学者测试和模拟得到了煤物理或者化学结构的各种参数,并从不同的角度对煤的结构进行了推断和假想,提出、构建了不同的用以表征煤平均化学结构、物理结构或者综合结构的模型[22-23]。

在众多煤的结构模型中,在 20 世纪 60 年代以前克雷弗伦(D. W. Van Krevelen)提出的 Krevelen 模型[24]认为煤中缩合芳环数平均为 9 个,最大部分为 11 个,在当时具有一定的代表性;温德(Wender)在 1957 年提出了威斯化学结构模型,该模型包含有高挥发分、低挥发分的烟煤、次烟煤、无烟煤以及褐煤等多种结构模型,从这些模型中最早发现了随着煤化程度的增加,煤结构中芳香环的缩合度增加,同时也伴随着侧链的减少,因此威斯化学结构模型到目前为止在煤化学界仍被认为是相对合理的结构模型;Fuchs 模型是德国富克斯(W. Fuchs)于 1957 年对 Krevelen 模型进行修改后得到的煤化学结构,该模型认为煤的分子结构以蜂窝状缩合芳香环为主体,在芳香环边缘上随机分布着以含氧官能团和侧链为主的基团;英国吉文(P. H. Given)在提出的 Given 模型[25]中认为,在煤化程度较低的烟煤中,较大稠环芳香结构并不存在,低变质烟煤结构中主要以萘环结构为主,且萘环与萘环之间基本以氢化结构相互联结,并基于此构成了无序的三维空间大分子结构;与 Given 模型研究结果相近,美国怀泽(W. H. Wiser)也对变质程度较低的烟煤结构进行了描述,并提出了 Wiser 模型[26],该模型认为较低变质程度的烟煤分子结构中包含着数量为 1~5 个不等环数的芳香结构,其中煤中氧、硫和氮元素主要以杂环或者侧链的形式存在,而芳香环

结构之间主要以 C_1—C_3 的脂肪烃桥键、醚键或者硫醚键等弱键连接,同时芳香环结构的边缘结构上连接有羟基、羰基和羧基等含氧官能团,与其他结构模型相比,该模型可以较为合理地对煤在液化和化学反应过程中的性质进行解释,也是比较全面、合理的煤化学结构模型;本田化学结构模型认为煤分子结构中的芳香结构主要以菲环为主,菲环结构之间存在较长的次甲基桥键联结,同时考虑了氧元素的存在形式为含氧官能团,且最早对煤中低分子化合物的存在形式进行了表述,同时对此进行了比较全面的解释,但对氮和硫元素的存在形式没有考虑。Shinn 模型[27]也称煤的反应结构模型,该模型主要是根据煤在液化过程前两个阶段的产物提出来的,提出煤大分子结构的分子式可写为 $C_{661}H_{561}N_4O_{74}S_6$,同时认为煤大分子结构中存在杂原子,构建的模型中官能团和桥键的结果与实验测试也较为相符;基于分子力学、量子力学、分子动力学等理论,采用计算机辅助设计方法对构建的结构进行优化计算,得到了能量最低的煤大分子结构模型,如Faulon 模型等,这些模型的提出均反映了不同学者在不同时期对煤化学结构的认识。

煤的物理结构主要是分析煤结构中有机分子之间的相互关系和作用方式。在目前得到的物理结构模型中,具有代表性的是 1954 年提出来的 Hirsch 模型,该模型是基于 X 射线衍射实验研究结果提出的,较为直观地反映了不同变质程度煤的物理结构区别;Riley 模型是基于沃伦(Warren)的研究结果提出的,主要适用于高碳物的分析;在现有的物理结构模型中,空间填充三维立体物理模型能较好地对烟煤的热解机理进行解释;交联模型则从交联键的角度对煤不能完全溶解的原因进行了解释;两相模型(即主-客模型)认为煤中有机物大分子多数以交联网状结构形式的固定相存在,而小分子则由于非共价键力的作用,基本以流动相的形式在大分子结构中存在,低变质程度煤中离子键和氢键在分子中存在较多,而变质程度较高的煤结构中则以 π—π 电子相互作用和电荷转移力等作用力为主。缔合模型认为煤分子结构中存在连续分子量分布形式,芳香结构连接作用力主要是静电力,共价键的作用基本不存在,煤分子结构在这些力的作用下连接形成了联合体,在这个大的联合体中存在孔隙、裂隙以及其他有机物质。

结合化学与物理结构模型的建立,有些学者考虑了煤分子结构与分子间作用的构造,提出了煤分子结构的综合模型,主要代表性的有 Oberlin 模型和球(Sphere)模型[28]。

三、煤氧化动力学的研究

煤氧化动力学的研究与一般化学动力学研究方法类似,主要在建立反应过程中的速率方程的基础上,通过测试反应过程中的物理量变化,计算反应动力学参数,主要包括反应速率、指前因子、活化能和反应级数等。目前,测算煤氧化动力学参数的实验方法较多,主要包括热分析实验、绝热氧化实验、程序升温实验以及自然发火实验等,目前应用较多的为热分析动力学方法。热分析动力学方法种类较多,胡荣祖、M. V. Kök 等[29-30]国内外学者汇集分析了目前的热分析动力学理论,并对不同的热分析动力学方法进行了适用性分析。在众多的热分析动力学方法中,Ozawa 法等[31]基于多升温速率下不同热分析曲线的同一转化率处进行动力学计算的方法(又称等转化率法),在不使用常用固体反应动力学模式函数情况下获得较为可靠的活化能值。在对多种动力学方法的比较中,国际热分析及量热学学会的动力学分会组织以及多国热分析工作者认为:复杂物在不同热反应过程中,实验条件如果不同,得到的动力学参数也有可能是不同的;同时,单一扫描速率法在进行动力学计算时,其动力学结果往往不能单独用以反映复杂固态反应的本质。在目前针对煤的氧化燃烧反应过程研究应用较多的动力学方法中,以 Flyna-Wall-Ozawa(FWO)法、Kissinger-Akahira-Sunose(KAS)法为代表的多重扫描速率法,可以采用几条不同升温速率下的 TG 或者 DSC 曲线在不同转化率下进行动力学计算,根据升温速率与转化率的关系,得到不同温度下的动力学参数变化规律。

安妮塔(P. D. Anita)等[32]在进行煤气化过程的动力学计算时认为存在补偿效应,煤在不同升温速率的实验条件下,得到的 $\log A$ 与 E 的关系均为直线,且拟合得到的 a 和 b 都是常数。在波兰,煤自燃倾向性鉴定的国家标准是采用氧化速度和活化能法,此鉴定法与煤种无关,而与氧化反应速率相联系,能够较为科学合理地判定煤的自燃性。舒新前等[33]在国内较早地采用热重实验方法研究了神府烟煤和汝箕沟无烟煤氧化自燃的动力学过程,并认为煤在低温氧化过程中的动力学计算是遵从阿仑尼乌斯定律的。刘剑等[34]通过对煤氧化过程中动力学理论研究,采用热分析方法测试了煤从常温到燃点之间的氧化热解过程,并借助化学动力学理论分析计算求得了该过程的活化能值,并利用活化能对该过程进行了解释。任如意等利用热重实验方法对煤在程序升温过程中的活化能进行了分析,得到了基于升温全过程和不同温度范围内的动力学参数。

在现行的煤自燃倾向性鉴定方法中,活化能成了一种新的鉴定指标,相比较其他方法更具有科学性。仲晓星采用氧化动力学方法鉴定煤自燃倾向性,并形成了国家标准。何启林、王德明、余明高等[35-36]在煤的低温氧化与自燃过程的实验及模拟研究中,采用了 Coats-Redfern 积分法和 Freeman-Carroll 微分法基于单升温速率的动力学方法进行了动力学计算,并通过对比积分法与微分法的结果,结合常用的固体反应机理函数,得到了实验煤样氧化过程中的最概然机理函数。朱红青等[37]基于非等温热重实验方法,采用 10 ℃/min 升温速率条件下进行 8 个煤样的升温实验,分析计算了反应动力学参数,并与实验煤样的工业分析参数进行对比分析,得到了动力学参数与工业分析参数的关系。

除了采用热分析方法进行动力学计算外,国内外许多学者采用了其他方法对煤氧化过程进行了动力学分析,特夫鲁赫(M. L. E. Tevruch)等[38]用傅里叶红外光谱实验检测了氧化过程中煤分子结构中脂肪烃 C—H 结构的变化规律,通过测得的数据进行了动力学计算,结果发现在氧气来源充足的情况下,煤的氧化过程近似为一级反应,活化能范围为 25.6～26.6 kcal/mol(1 kcal/mol＝4.186 kJ/mol,下同),而反应速度则主要受粒径、变质程度及温度等参数影响。克勒门(S. R. Kelemen)等[39]采用 X 射线光电子能谱分析了煤表面 O/C 原子比的变化情况,并基于此得到在 295～398 K 温度范围内的反应表观活化能为 11.45 kcal/mol。马丁(R. R. Martin)等[40]用 SIMS 实验研究了 23 ℃、70 ℃和 90 ℃时煤表面氧气浓度变化,计算得到活化能在 23～70 ℃温度范围内为 47.1 kJ/mol,而在 70～90 ℃的温度范围内活化能为 82.0 kJ/mol,发现温度较低时活化能值较低。孔蒂尼洛(G. Continillo)等[41]研究了煤对氧的化学吸附及化学反应的速率,得到了不同温度区域内的吸附与反应速率,通过研究认为该速率遵从不同的变化规律。蒂特·卡楚维(Tiit Kaljuvee)等[42]通过热重、红外与质谱联用实验对保加利亚、俄罗斯、乌克兰等的 7 个煤样进行了初步研究,在研究动力学参数的同时得到了实验煤样的气体产物变化规律,是一种较好的分析煤氧化机理的实验方法。

四、煤氧化过程热效应的研究

煤氧化放热效应是促进煤自燃发生发展的重要原因。贺敦良、徐精彩[43]通过测定煤与氧反应的热效应解释煤自燃过程,发现在不同温度下煤的热效应不同,且不同煤的氧化反应热不同。徐精彩、文虎、邓军等采用自主研发的大型煤自然发火试验台和程序升温实验装置模拟了煤低温自氧化升温过程,并测算了过程中的热效应,认为煤中矿物质和水含量影响了放热效应,不同的煤在氧化过程中的热效应不同,而放热强度是表征煤低温氧化自燃过程热效应的重要参数。梁运涛、罗海珠[44]采用煤低温氧化实验装置建立了煤低温氧化自热模型,模拟了低温氧化自热过程,对煤自然发火期进行了解算。李增华、王德明等[45]采用煤量较少的加速量热法对煤自燃过程的特性参数进行了分析,根据实验结果得到了煤在氧化过程中的初始自加热温度与升温曲线等参数,对整个过程进行了动力学分析。傅智敏等[46]测试了加速量热仪在热稳定性方面的应用,认为可以用该热分析仪器得到绝热放热起始温度、温升速率、反应活化能、绝热最大温升速率时间等参数,利用这些信息可以更好地进行化学动力学和热力学方面的研究。

差热扫描量热仪主要用于测试物质在热反应过程中的热效应变化,在煤的氧化自燃、热解及煤化工方向应用较多。赵彤宇等[47]研究了煤在氧化过程中的放热量、放热速率等参数,研究发现在 68～83 ℃温度范围内煤氧化放热速率开始增加迅速,化学反应作用表现不明显,煤氧化的焓变随反应温度升高逐渐增大,从初始阶段的 18 kJ/mol 增加到 80 ℃时的 300 kJ/mol。张卫亮等[48]采用 DSC 方法从热效应方面研究了煤在氧化前期水分对煤自然发火的影响,并根据水分在 100 ℃之前对氧化放热的定量分析,初步得到了最易自燃的临界水分值。潘乐书等[49]通过煤的程序升温氧化的 DSC 实验,测试了煤氧化过程中放热峰值温度,以及吸、放热量,并根据 DSC 实验的热效应数据计算了氧化过程中的活化能。

在实验方法基础上,不同学者采用了数值模拟的方法对煤氧化反应过程的热效应进行了研究。石婷、邓军等[50]建立了煤分子结构简化模型,采用量子化学方法的高斯 03 软件,基于密度泛函理论 DFT/6-31G 基组,优化了不同活性结构与氧分子的模型,模拟计算了活性基团与氧的反应历程,通过热力学和动力学分析,得到了不同活性基团在氧化反应过程中热焓变化、能量变化以及活化能值等,依据反应历程参数对煤结构中不同活性基团的氧化反应能力大小进行了对比,从微观角度解释了煤氧化反应热效应机理。王宝俊等[51]针对 9 种不同变质程度的煤样,分别建立了不同的煤分子结构模型,并分别计算了不同构型在优化后的热力学及热效应参数。邓存宝[52]推测建立了煤分子基本结构单元的化学结构,运用该模型模拟计算了氧化生成水、一氧化碳、二氧化碳、甲烷和乙烯的化学反应过程及反应过程中的热焓变化。

五、煤氧化过程反应性的研究

对煤氧化反应历程及反应机理的研究,从本质上是对煤氧化过程中微观结构变化以及活性结构氧化反应性的揭示[53]。随着分析新技术的发展,红外光谱、电子顺磁共振光谱、X 射线光电子能谱、核磁共振波谱分析技术及量子化学计算方法在研究煤自燃机理中应用日益广泛。红外光谱技术是当前对煤结构中活性基团测试的主要手段之一,在煤自燃研究领域得到了广泛的应用。坎农(Cannon)和萨瑟兰(Sutherland)最早利用红外光谱技术对煤结构中的官能团进行了研究[54]。潘特(P. C. Painter)等[55]通过红外光谱实验,对不同变质程度煤结构的红外特征谱峰进行了较为详细的归属分析,奠定了煤分子结构中官能团定性分析的基础。彼得森(H. I. Petersen)[56]基于红外光谱实验得到煤结构参数,并与煤成烃的关系进行了大量的研究。塞尔尼(J. Cerny)[57]对煤结构中脂肪结构和芳香烃 C—H 结构进行了红外光谱分析。

卡罗尔(A. R. Carol)、布雷恩(M. L. Brain)等[58-59]基于红外光谱谱图从不同角度对煤低温氧化机理进行了定量和定性的分析。托克(P. B. Tooke)和格林特(A. Grint)[60]采用红外光谱技术对烟煤进行了测试,认为煤在氧化初期脂肪烃 C—H 基团减少,而芳香烃 C—H 基团呈现小幅度增加趋势,在 275 ℃以后煤结构中不同种类的交联结构开始产生,羧基类含氧官能团形成。罗兹(C. A.

Rhoads)等[61]采用了红外光谱实验测试了煤氧化过程中脂肪烃结构与含氧官能团的变化规律,芳香环上的亚甲基结构和醚交联键等含氧官能团活性较大,在热的作用下容易发生反应。亚当斯(W. N. Adams)等[62]采用红外光谱技术研究了煤结构中包括—OH、C=O及C—O等基团在升温过程中的变化规律。国内学者董庆年、朱学栋等[63-64]利用傅里叶变换红外光谱技术测试了煤结构的红外吸收峰,根据不同官能团的归属,采用分峰方法定量分析了煤中各主要官能团的相对含量,基于此分析了氧化过程中官能团的变化规律,认为煤在低温氧化时芳香烃结构是稳定的,氧原子主要攻击脂肪烃—CH_2、—CH_3等基团,通过生成过氧化物的方式与煤发生复合,并认为煤结构中官能团的氧含量值可以作为煤化程度的指标。张国枢、陆伟、褚廷湘等[65-67]利用红外光谱实验研究了煤低温氧化过程中官能团的变化规律,发现在煤结构中芳香烃和含氧官能团结构在氧化过程中总体上呈增加趋势,而脂肪烃结构基本保持不变。

在原位红外光谱技术的发展中,逐渐被用到煤结构在氧化过程中实时变化的研究。季伟等[68]通过孔隙结构和活性结构对煤自燃的影响分析,认为孔隙结构对煤自燃有影响但不能起到关键作用,主要取决于煤表面活性结构的种类和数量,同时得到氧化前期参与反应的主要活性基团为羟基、甲基、亚甲基及酚醇醚酯的C—O键等,煤自燃过程中起着关键性作用的为含氧官能团。葛岭梅等[69]在对陕北侏罗纪煤中的神府煤进行红外实验中发现,神府煤分子结构中羟基以及芳香烃结构上的—CH_2结构是较为活跃的基团,能够在较低的温度下反应产生羧基,同时在升温过程后期,羧基会发生进一步分解和氧化为羰基和较为稳定的醚键,温度超过150℃后神府煤结构中脂肪烃甲基和亚甲基等侧链结构发生断裂,同时,桥键开始大量断裂发生反应,导致煤分子结构中芳香结构增加,且低温过程中芳香结构较为稳定,很难参与氧化反应。辛海会等[70]通过对低变质烟煤的原位红外实验,测试了热作用下煤结构中不同官能团的变化规律,发现甲基、亚甲基等脂肪烃侧链结构在氧化过程中先减后增,而不同含氧官能团结构表现的反应性不同,其中羟基随着温度的增加而逐渐减少,羧基结构则由前期的基本不变到逐渐减少,羰基结构则表现出先减后增的趋势,煤的活性由于主要活性官能团总量的减少导致活性发生变化。杨永良等[71]对比分析了不同自燃倾向性煤的漫反射及透射红外谱图,认为漫反射法与透射法相比,在研究煤表面基团在氧化过程中的变化更为准确,同时对比分析了易自燃煤与不易自燃煤在经过氧化反应前后的微观结构特征区别,其中,芳香烃、酰胺、含氧官能团和脂肪烃差异较为明显。

除了实验手段外,分子动力学、量子化学以及 Monte Carlo 模拟等计算机模拟技术的发展,使得数值模拟方法在化工及生物化学过程领域研究广为应用。王继仁、邓存宝等[72]在红外光谱实验的基础上,基于量子化学理论方法研究了煤分子结构、煤表面与氧的物理吸附和化学吸附机理、煤中有机大分子与氧的化学反应机理、煤中低分子化合物与氧的化学反应机理等,认为煤分子结构中的侧链基团以及低分子化合物在煤自燃前期起到了诱导作用。J. X. Hou、斯特拉卡(P. Straka)等[73-74]分别应用量子化学和分子动力学方法描述了煤的大分子结构,并且对表现出的反应性进行了研究。徐精彩、葛岭梅等在对煤分子结构中活性基团分析的基础上,得到了7类在常态下活性较高、能够参与氧化反应的活性基团,并推断出不同活性结构在低温阶段的三步化学反应及其热效应。张嬿妮[75]通过高斯 03 软件建立了不同变质程度煤中不同种类的活性基团结构,模拟研究了不同活性基团的动力学反应历程,计算了热焓、活化能的参数,从微观活性基团反应历程的角度解释了宏观自燃特性。

第三节　本书技术体系

一、研究内容

本书主要针对陕北侏罗纪煤低温氧化反应性及动力学过程,重点论述其形成演化的动力学特征及微观活性基团反应性,涉及以下内容:

(1)陕北侏罗纪煤微观结构及反应性研究

采用工业分析、元素分析、物理化学吸附、X 射线衍射、扫描电镜及红外光谱等实验手段,研究陕北侏罗纪煤样的煤质及元素组成、比表面积、孔径分布、微观形态、微晶结构及主要官能团分布特征,掌握陕北侏罗纪煤的物理化学结构特性以及对煤自燃的影响;采用原位漫反射傅里叶红外光谱实验方法,研究热解和氧化过程中陕北侏罗纪煤结构中主要官能团的动态变化规律,通过对比分析陕北侏罗纪煤热解与氧化反应性的异同,确定其低温氧化过程的活性基团及其分布特征。

(2)陕北侏罗纪煤氧化动力学机制及热效应研究

采用热分析与红外联用的实验方法,研究陕北侏罗纪煤在变环境条件下的重量、热焓和气体产物变化规律,确定陕北侏罗纪煤的低温氧化过程中特征温度及分阶段特性,采用 FWO 法、Kissinger 法计算陕北侏罗纪煤低温氧化过程中的动力学参数及其随温度的变化规律,基于 Bagchi 法确定陕北侏罗纪煤低温氧化过程分阶段的动力学模式函数,从活化能、气体产物、热效应等角度阐明陕北侏罗纪煤氧化自燃的动力学过程。

(3)陕北侏罗纪煤氧化动力学与反应性的相关性研究

采用 Pearson 相关系数和灰色关联分析结合的数学方法,研究陕北侏罗纪煤低温氧化过程两个阶段中活性基团与表观活化能变化的关联度,通过对比关联度大小,确定陕北侏罗纪煤低温氧化过程两个阶段的关键活性基团,从关键活性基团反应性角度揭示陕北侏罗纪煤的氧化动力学过程。

二、主要技术路线

本书主要采用理论分析、实验研究和数学计算相结合的研究方法,首先选取陕北地区侏罗纪煤田的典型矿区(黄陇、神府、榆横、榆神、神东、神北)煤样,通过工业分析、元素分析、X射线衍射、扫描电镜、物理化学吸附及红外光谱实验分析陕北侏罗纪煤的物理与化学结构特性;采用原位漫反射红外光谱技术测试陕北侏罗纪煤在热解和氧化过程中的官能团变化规律;采用热分析与红外联用技术测试陕北侏罗纪煤在热解和氧化过程中的特征温度、气体产物、热效应及动力学参数等特性参数;采用数学关联方法确定陕北侏罗纪煤氧化过程中的关键活性基团及其反应性,并对宏观动力学过程进行微观解释。具体技术路线如图1-1所示。

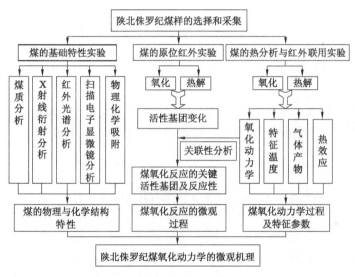

图 1-1 技术路线图

第二章 陕北侏罗纪煤物理与化学结构特征

煤是远古时代动植物遗体经过漫长年代的物理、化学及生物作用形成的有机生物岩,由于其成煤时期来源物种的复杂性,以及在成煤过程中周围环境的不同,经历的作用也有所差异,因此,地区和成煤年代的差异很大程度上影响了煤的基本性质。

为了深入揭示陕北地区侏罗纪煤氧化自燃的反应机理,需要对陕北侏罗纪煤进行较为全面的物理与化学结构特性参数测试,确定陕北侏罗纪煤在物理与化学结构方面的特性,同时为陕北侏罗纪煤氧化自燃过程动力学及反应性的研究奠定基础。

本章主要通过实验手段测试陕北侏罗纪煤的工业及元素组成、微晶结构特征、比表面积、孔径分布、微观孔隙结构形态及分子结构中主要官能团分布等物理和化学结构特征参数。

第一节 煤 质 组 成

根据陕西省煤炭资源分布,实验煤样从位于陕北地区侏罗纪煤田的典型矿区选取,本书共选取 8 个煤样,分别是黄陇矿区的黄陵、建新煤样,榆横矿区的榆阳煤样,神府矿区的柠条塔、张家峁煤样,榆神矿区的凉水井煤样,神东矿区的石圪台煤样,神北矿区的红柳林煤样。

实验煤样均在所选矿区主采侏罗纪煤层工作面采集,煤样呈块状,且采用内衬塑料袋密封包装。在煤质分析前对煤样进行剥离破碎、筛选,实验煤样粒径选用 0.075～0.109 mm(180～200 目)。实验采用西安科技大学安全科学与工程学院的 5E-MAG6700 型工业分析仪和德国 Elementar 公司 Vario EL Ⅲ型有机元素测定仪,通过元素分析实验测定 C、H、N、S 元素的含量,并采用差减法计算得到 O 元素含量,实验装置如图 2-1 和图 2-2 所示。

实验煤样的工业分析和元素分析结果如表 2-1 所列。

图 2-1 工业分析仪

图 2-2 元素分析仪

表 2-1 实验煤样的煤质分析结果

样 品	工业分析/%			元素分析/(%,daf)					原子比值		煤 种
	M_{ad}	A_d	V_{daf}	C	H	O	N	S	C/H	H/O	
黄 陵	2.92	9.83	30.21	76.07	4.69	17.63	1.19	0.39	1.35	0.235	弱黏煤
建 新	3.56	9.11	34.87	74.83	4.38	19.31	0.81	0.77	1.42	0.276	不黏煤
榆 阳	6.54	4.09	38.82	77.08	5.11	15.4	1.10	0.87	1.26	0.188	长焰煤
柠条塔	4.44	4.17	39.18	76.51	4.79	16.71	1.33	0.54	1.33	0.218	不黏煤
张家峁	4.16	7.14	36.01	77.19	4.89	15.98	1.45	0.53	1.32	0.204	不黏煤
凉水井	5.65	5.23	32.65	78.21	4.77	15.32	1.65	0.43	1.37	0.201	弱黏煤
石圪台	7.92	4.02	37.21	74.28	5.09	18.39	1.32	0.73	1.22	0.226	弱黏煤
红柳林	4.34	7.83	32.76	76.34	4.32	17.12	1.07	0.37	1.47	0.248	弱黏煤

从实验煤样的煤质分析结果可以看出,总体上陕北侏罗纪煤中水分和灰分含量较低,均未超过 10%,且水分与灰分总量也未超过 15%;挥发分含量总体上较高,在 30%～40% 的范围内,在高挥发分条件下自燃危险性较高;由于陕北侏罗纪煤成煤时间比石炭-二叠纪煤短,变质程度相对较低,从本书在陕北典型矿区内选取的侏罗纪煤来看,黄陵、凉水井、石圪台和红柳林煤样属于弱黏煤,建新、柠条塔和张家峁煤样属于不黏煤,榆阳煤样属于长焰煤,变质程度均为低变质烟煤,在元素组成中表现为碳元素含量在 70%～80% 范围内,氧元素含量在 15%～20% 范围内,同时,由于在元素组分测试实验得到的氧元素基本为有机氧,即在煤中几乎全部以有机形式存在,表明陕北侏罗纪煤分子结构中的含氧官能团结构较多。根据目前的研究发现,含氧官能团是煤低温氧化过程中的活性较大的基团。因此,陕北侏罗纪煤中的氧元素含量高有可能是影响其自燃属性的重要原因。实验结果中的 C/H 原子比是表征煤结构及变质程度的重要参数,陕北侏罗纪煤的 C/H 原子比值基本在 1.2～1.5 范围内,H/O 原子比值基本在 0.2 左右,可以作为陕北侏罗纪煤结构中官能团分布的参考依据。

第二节　微晶结构特征

一般情况下,固体物质的微观晶体结构是一种具有周期性的点阵结构,通过 X 射线衍射实验方法可以确定物质的微观晶体结构特征参数。这是由于物质的晶格大小与 X 射线的波长在同一个数量级上,当发射固定波长的 X 射线通过该晶体结构时会出现衍射现象,根据记录下的衍射图谱可以用于分析晶体的相关结构参数。根据目前的研究发现,煤中有机质部分是介于晶体与无定形态之间一种短程有序而长程无序的非晶态物质,该部分是由若干芳香环层片以不同平行程度堆砌而成的类似石墨化的微小晶体,称为芳香微晶或芳香核。通过 X 射线衍射实验的分析,可以确定陕北侏罗纪煤中芳香微晶结构特征,获得芳香微晶结构平面的大小和堆砌高度等微观结构参数,为研究陕北侏罗纪煤结构特性提供参数。

一、实验方法

本书中 X 射线衍射实验采用西安科技大学材料学院日本 XRD-7000 型 X 射线衍射分析仪(图 2-3)完成,可以对粉状、块状、液体状样品进行物相结构和成分的定性、定量分析。实验前对实验煤样在空气中进行破碎,通过筛选后将粒径为 0.075～0.109 mm 的实验煤样装在铝框架上,采用铜靶辐射,实验过程中设置持续扫描模式,管压调整为 40 kV,管流 30 mA,扫描 2θ 角范围为 10°～80°,扫描速度为 6°/min。

图 2-3　X 射线衍射分析仪

二、XRD 谱图特征

煤在形成过程中,在不同的地质环境和时间段内,受物理、化学及生物作用程度不同,煤分子结构中的芳香结构缩聚程度有所区别。一般来讲,随着变质程度的增加,煤中碳含量比例增加,煤中芳香结构部分慢慢向石墨微晶结构的方向发展,表现为石墨化趋势,在 XRD 谱图上则表现为与石墨微晶结构的谱峰位置相似,谱峰的特征参数也相似。因此,煤中芳香微晶结构的 XRD 谱图分析可以以石墨微晶结构特征作为参照,进行石墨化微晶结构特征趋势分析。

通过实验测试,确定了 8 个陕北侏罗纪实验煤样的 XRD 图谱,如图 2-4 所示。

从图 2-4 可以发现,8 个实验煤样的 XRD 图谱均存在两个较为明显的峰,分别为 2θ 角度在 $20°\sim30°$ 之间的 002 衍射峰和 $40°\sim50°$ 之间的 100 衍射峰,同时存在不同位置的尖峰。其中,陕北侏罗纪煤 XRD 图谱中的 002 峰型较宽且较强,其主要表征物质结构中芳香环碳网层片在空间排列的定向程度。002 峰会随煤的变质程度加深而变窄增强,且慢慢趋近于石墨的 002 衍射峰峰位 $26.6°$。而实验煤样 XRD 谱图中 100 衍射峰较宽且相对较弱,该衍射峰的强度表征了陕北侏罗纪煤中芳香结构的缩合程度。其他尖峰主要是由于其他矿物质晶体结构的衍射造成的,不同实验煤样尖峰的位置与强度有共性但也有差别。

002 峰在理论情况下一般认为是对称峰,图中显示的不对称性是主要受其左侧 γ 峰的影响,采用高斯拟合的方法对 γ 峰、002 峰和 100 峰进行了分离,拟

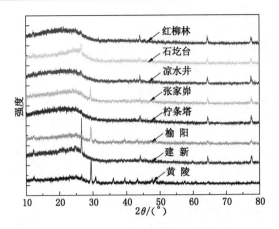

图 2-4 实验煤样的 XRD 图谱

合公式为：

$$y = y_0 + \frac{A_\theta}{w \cdot \sqrt{\frac{\pi}{2}}} \cdot e^{-2\left(\frac{x-x_c}{w}\right)^2} \tag{2-1}$$

式中 y_0 ——XRD 谱图的基线位置；

x_c ——衍射峰中心位置 2θ 角度；

w ——衍射峰宽度；

A_θ ——衍射峰面积。

以黄陵煤样 XRD 谱图为例，对其进行拟合分峰，确定 002 衍射峰与 100 衍射峰位置判断，分峰拟合示意图如图 2-5 所示。

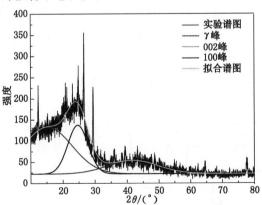

图 2-5 黄陵煤样的 XRD 谱图分峰拟合示意图

为了进一步确定陕北侏罗纪实验煤样的衍射峰特征，对实验煤样的 XRD

谱图进行高斯拟合分峰之后,得到了 γ 峰、002 峰和 100 峰的衍射峰参数。根据拟合分析,得到了陕北侏罗纪煤的微晶结构特征峰的详细参数,衍射峰参数如表 2-2 所列。

表 2-2　　　　　　　　　实验煤样 XRD 谱图分峰后衍射峰参数

衍射峰	参数	黄陵	建新	榆阳	柠条塔	张家峁	凉水井	石圪台	红柳林
γ 峰	y_0	22.60	18.17	18.08	18.21	21.22	16.30	16.81	17.77
	x_c	15.23	16.78	15.70	17.01	14.58	17.09	17.23	16.68
	w	15.18	15.24	15.93	15.38	14.65	15.20	16.88	14.17
	A_θ	2 101	2 187	1 635	2 453	1 966	2 182	1 859	1 999
	H	110.5	114.5	81.91	127.2	107.1	114.5	87.89	112.6
002 峰	x_c	24.70	25.06	24.89	24.27	24.89	24.46	25.20	24.05
	w	6.36	6.11	7.04	6.00	7.91	5.93	5.99	6.87
	A_θ	914.8	570.3	586.04	439.2	1055.8	362.5	488.7	530.3
	H	114.8	89.14	66.42	58.40	106.56	48.77	81.36	61.60
100 峰	x_c	41.88	42.17	41.73	40.97	42.29	41.57	42.37	40.26
	w	15.64	13.32	16.97	15.00	15.04	13.80	13.70	14.84
	A_θ	612.3	429.6	532.0	561.6	630.73	425.8	437.8	521.4
	H	31.23	25.73	25.01	29.87	33.46	24.62	25.50	28.04

注:H 为衍射峰高度。

从表 2-2 可以得到,XRD 谱图中 γ 峰的 2θ 角度在 $14°\sim18°$ 范围内,该峰与煤分子中的脂肪烃侧链及脂环结构有关。随着煤变质程度的加深,煤中含有的脂肪烃结构会减少,表现为 XRD 谱图中 γ 峰所占的比例也会越来越小。但从分峰结果来看,在 8 个陕北侏罗纪实验煤样中除了黄陵煤样,其他煤样 γ 峰衍射强度均比 002 峰高,衍射强度范围在 85～130 之间,其中柠条塔煤样的强度最高,石圪台煤样强度最低,表明陕北侏罗纪煤中存在较多的脂链和脂环结构单元。陕北侏罗纪煤 XRD 谱图中 002 峰位置在 $24°\sim25.2°$ 范围内,总体上与石墨结构的 $26.6°$ 相差较远,说明陕北侏罗纪煤石墨化程度较低,其中石圪台煤样的 002 峰强度较大,离石墨结构较近且峰宽较小,在所选实验煤样中石墨化程度相对较高。100 峰与 γ 峰、002 峰相比,峰强度较弱,总体上衍射强度在 24～34 范围内,且峰宽较大,也表明了陕北侏罗纪煤分子结构中芳香环缩合程度较差,基本以数量较少的芳环为主,这也主要与陕北侏罗纪煤变质程度较低有关。

三、矿物质分析

在 X 射线衍射实验过程中,在扫描出现晶型较好的矿物质成分时,可以在谱图中相应的峰位出峰,本书采用 Jade 5.0 软件对比分析矿物质标准图谱与实验煤样 XRD 图谱,通过衍射峰位和强度确定陕北侏罗纪煤中含有的主要矿物质成分。具体分析结果如表 2-3 所列。

表 2-3　　　　　　　　　　实验煤样所含主要矿物质种类

煤　样	矿物质种类	煤　样	矿物质种类
黄　陵	高岭石、方解石	张家峁	高岭石、方解石
建　新	高岭石、石英	凉水井	高岭石、石英
榆　阳	高岭石、方解石	石圪台	高岭石、石英
柠条塔	高岭石、方解石	红柳林	高岭石

通过对比分析发现,本书所选 8 个陕北侏罗纪实验煤样中均存在高岭石[主要成分为 $Al_2Si_2O_5(OH)_4$],其中建新和黄陵煤样中高岭石含量相对较高;黄陵、榆阳、柠条塔和张家峁煤样中存在方解石(主要成分为 $CaCO_3$),其中黄陵煤样中的方解石含量最高;在建新、凉水井和石圪台煤样中发现了石英,其中建新煤样中石英含量最高。由于煤中矿物质成分与陕北地区在成煤过程中的所处地质环境相关,同时也与矿物在地质作用下的转化有密切关系,因此,合理推测陕北侏罗纪煤中含有的高岭石、方解石与石英成分对其物理与化学性质具有一定的影响,与前人研究成果中陕北侏罗纪煤层中分布有高岭石夹矸且碳酸盐含量较高的结果相符。

四、芳香微晶结构特征

煤中的芳香微晶结构特征参数主要采用芳香层片的层间距 d_{hkl}、延展度 L_a、堆砌高度 L_c 和有效堆砌芳香片数 M_c 等参数来表征。这些特征参数可以通过布拉格方程和 Scherrer 方程计算,计算方法如下:

$$d_m = \frac{\lambda}{2\sin\theta_{002}} \tag{2-2}$$

$$L_c = \frac{K_1\lambda}{\beta_{002}\cos\theta_{002}} \tag{2-3}$$

$$L_a = \frac{K_2\lambda}{\beta_{100}\cos\theta_{100}} \tag{2-4}$$

$$M_c = \frac{L_c}{d_m} \tag{2-5}$$

式中　λ——X 射线的波长,铜靶取 1.540 56 Å;

　　　θ_{002},θ_{100}——002、100 衍射峰对应的布拉格角,(°);

　　　β_{002},β_{100}——002、100 衍射峰的半峰宽,rad;

　　　K_1,K_2——Scherrer 常数,$K_1=0.89$、$K_2=1.84$。

由于煤中芳香微晶结构的层间距 d_{002} 主要介于纤维素（$d_{002}=3.975\times10^{-1}$ nm）与石墨（$d_{002}=3.354\times10^{-1}$ nm）之间，采用类比方法，并且以石墨结构特征参数为参照，以煤化度 P 作为表征实验煤样中缩合芳香层环的百分数的参数，以此得到芳香层与脂肪层结构的相对含量，借助煤化度对实验煤样的芳香度进行分析。根据定义，得到煤化度计算公式如下：

$$P = \frac{3.975 - d_{002}}{3.975 - 3.354} \times 100\% \tag{2-6}$$

式中　P——煤化度；

　　　d_{002}——芳香层片的层间距，10^{-1} nm。

陕北侏罗纪煤样的芳香微晶结构特征参数和煤化度的计算结果如表 2-4 所列。

表 2-4　　　　　　　　各煤样 XRD 微晶结构参数及煤化度

煤样	$d_m/10^{-1}$nm		$L_c/10^{-1}$nm	$L_a/10^{-1}$nm	M_c	P
	d_{002}	d_{100}				
黄陵	3.602	2.155	12.65	11.12	3.511	0.601
建新	3.551	2.141	13.18	13.07	3.711	0.682
榆阳	3.574	2.163	11.43	11.16	3.197	0.646
柠条塔	3.660	2.201	13.39	11.56	3.658	0.507
张家峁	3.575	2.135	10.18	11.58	2.846	0.644
凉水井	3.637	2.171	13.56	12.59	3.729	0.545
石圪台	3.570	2.132	13.43	12.72	3.762	0.652
红柳林	3.657	2.238	11.70	11.66	3.199	0.511

表 2-3 数据显示，实验煤样的 d_{002} 数值高于理想石墨的层间距 3.354×10^{-1} nm，表明陕北侏罗纪煤芳香微晶结构石墨化程度较低，M_c 芳香片层数为 2～3，煤化度 P 在 50%～60%之间，与其他成煤时期和地区的不同变质程度的煤样煤化度相比，陕北侏罗纪煤的煤化度整体较低，说明陕北侏罗纪煤分子结构存在较高含量的桥键、侧链和官能团，分子结构内部排列有序性较差，芳香环缩合度较小，脂肪结构较多，煤分子结构不稳定，导致陕北侏罗纪煤在低温阶段发生氧化或分解反应的条件要求较低。

第三节　比表面积及孔径分布

煤作为一种有机岩，在形成过程中具有一定的比表面积和孔隙特征，宏观角度上能够作为煤的微观形态的一种体现,也是解释煤氧物理化学吸附以及氧化反应特性。为了研究陕北侏罗纪煤的比表面积和孔径分布特性,采用物理化学吸附仪进行比表面积测试,选用氮气吸附法计算比表面积,从微观角度得到孔结构的统计信息和总体特征,并对其表面孔隙的孔径分布进行分析。

一、实验方法

本书选用西安科技大学 Autosorb-iQ-C 全自动物理化学吸附仪(图 2-6)测试实验煤样的比表面积及孔径分布。将所选陕北侏罗纪煤样处理至 0.075～0.109 mm(180～200 目)粉末状,使用万分之一天平称量容器重 2 g 左右,再将煤样放入物理吸附容器中,测量容器和煤样总重,然后将液氮放入冷阱中。实验初始需要对煤样进行脱附预处理,从预处理开始保持真空状态,至实验开始前填充氮气,首先将测试试管放置在预处理端,实验开始在 5 ℃/min 速率条件下进行升温,升温到 100 ℃后保持 100 min,再以 5 ℃/min 速率升温,到 110 ℃后保持 600 min,然后自然降至室温。预处理结束后实验开始,向装有煤样的试管内注入氮气,在 −196 ℃(氮气临界点,77 K)下,测量不同压力下煤样对于氮气的吸附量,得到吸附曲线用于实验结果分析。

图 2-6　全自动物理化学吸附仪

二、比表面积分析

针对测试的吸附曲线,采用 BET 理论方法计算陕北侏罗纪实验煤样的比表面积大小。根据斯蒂芬·布鲁诺尔(Stephen Brunauer)、保罗·休·艾米特(Paul Hugh Emmett)和爱德华·泰勒(Edward Teller)在 1938 年建立的解释气体分子在固体表面吸附现象的多分子层吸附模型,即 BET 方程。由于煤表面结构的复杂性,对氧气、氮气等气体的吸附是多分子层吸附状态,因此实验煤样在氮气环境下采用多分子层吸附模型,测试实验煤样在不同分压时的多层吸附量,根据计算量推导陕北侏罗纪煤的比表面积。BET 计算方程(图 2-7)如下:

$$\frac{p}{V(p_0 - p)} = \frac{1}{V_m \cdot C} + \frac{C-1}{V_m \cdot C} \cdot \frac{p}{p_0} \tag{2-7}$$

式中　p——氮气分压；

$\quad\quad p_0$——$-196\ \text{℃}$下氮气的饱和蒸汽压；

$\quad\quad V$——实验煤样表面实际吸附氮气的量；

$\quad\quad V_m$——实验煤样的单层氮气饱和吸附量；

$\quad\quad C$——与吸附能力相关的常数。

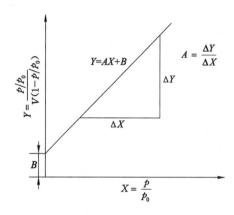

图 2-7　BET 法测算实验煤样比表面积示意图

　　根据 BET 方程,分别以 $(p/p_0)/[V(1-p/p_0)]$ 及 p/p_0 作为 Y 轴和 X 轴,对实验过程中测试的参数进行计算和线性拟合,求出所得到直线 $Y = AX + B$ 的斜率(A)和截距(B),从而计算实验煤样的比表面积 V_m。但通过大量实验数据发现,当 $X = p/p_0$ 取值范围在 $0.05 \sim 0.35$ 时,利用 BET 方程拟合的直线斜率和截距可以较好地符合实际吸附过程,所得到的比表面积结果也更为准确。因此,本实验也是在 $0.05 \sim 0.35$ 范围内选取实验数据点并进行计算。

　　以榆阳煤样的拟合数据为例,如图 2-8 所示。

　　经计算,8 个陕北侏罗纪实验煤样的比表面积测试结果如表 2-5 所列。通过测试结果可以发现,不同实验煤样的比表面积有所差异,其中,建新和红柳林煤样比表面积相对较大,达到了 $13\ \text{m}^2/\text{g}$ 以上,石圪台和黄陵煤样的比表面积相对较小,在 $8\ \text{m}^2/\text{g}$ 左右。与其他成煤时期的结果相比,陕北侏罗纪煤比表面积相对较大。从反应机会角度来看,意味着增加了陕北侏罗纪煤与氧气分子接触的机会,一方面有利于氧气的吸附,另一方面与氧发生反应的机会也相应增加,增加了其自燃倾向性。

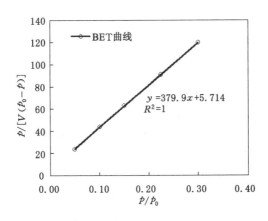

图 2-8　多点 BET 法测比表面积

表 2-5　　　　　　　　　　实验煤样的比表面积

煤样	比表面积/(m²/g)	煤样	比表面积/(m²/g)
黄　陵	8.342	张家峁	9.795
建　新	13.913	凉水井	9.872
榆　阳	9.036	石圪台	7.846
柠条塔	10.268	红柳林	13.439

三、孔径分布

目前对煤的孔径分类有很多种,根据固体孔径范围与固-气作用效应因素等,国际纯粹与应用化学联合会(IUPAC)组织将煤的孔隙分为 3 类:微孔(<2 nm)、介孔(或中孔,2～50 nm)、大孔(>50 nm)。通过比表面积测试手段,有不同的方法对孔径分布进行分析,包括 BJH 理论、Hartree-Fock(HF)理论等方法,其中密度泛函理论(DFT)主要通过量子力学方法研究物质的多电子体系结构,由于多层吸附现象实质上是一种凝聚现象,故在此运用 DFT 方法来研究煤的孔径分布,孔径测量范围为 0～180 nm。根据实验煤样对氮气的吸附结果,选用 DFT 方法对孔径分布进行分析,分布结果如图 2-9 所示。图中 $dv(r)$ 表示总孔容对孔径(半径)的微分,表征了孔体积密度分布函数,即孔半径对应的孔体积分布比重;累计孔体积表示随着孔半径的增加,煤样孔体积的累计总体积。

通过各个实验煤样的孔径分布图发现,$dv(r)$ 曲线上有峰值的孔半径范围内,孔隙占有一定比例,在陕北侏罗纪煤样孔径分布中,中孔总体上分布较广,统计得到 3 种孔隙的比重,陕北侏罗纪煤中微孔占 10%～20%,中孔占 50%～60%,大孔比例为 20%～30%。由于气体分子在中孔中的扩散形式主要为 Knudsen 扩散及过渡型扩散,因此陕北侏罗纪煤结构中的中孔有利于氧气分子

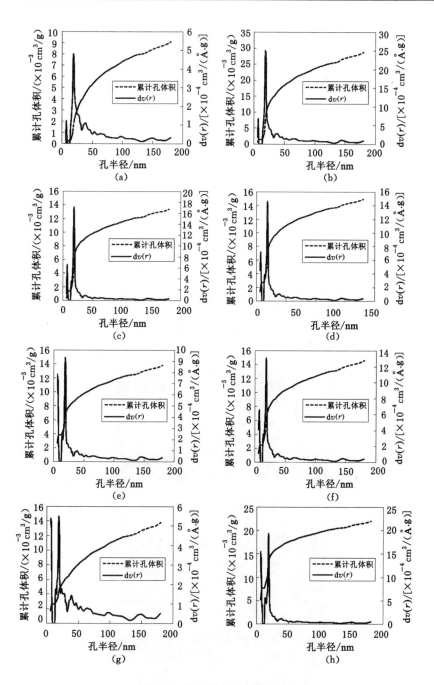

图 2-9 实验煤样的孔径分布

（a）黄陵煤样；（b）建新煤样；（c）榆阳煤样；（d）柠条塔煤样；

（e）张家峁煤样；（f）凉水井煤样；（g）石圪台煤样；（h）红柳林煤样

的扩散与渗透,并且在介孔中主要形成氧气分子与煤体表面结构的相互作用,为煤氧吸附与氧化反应提供了条件。

第四节　微观形态及孔隙分析

通过比表面积和孔径分布测试发现,陕北侏罗纪煤的表面分布着比例较大的中孔结构,同时分布有一定比例的微孔和大孔。这种极其复杂的表面结构是煤能够吸附各种气体的主要原因,也是能够与氧气发生充分接触,进而发生吸附与反应的重要原因。在物理化学吸附实验的基础上,为了进一步直观掌握陕北侏罗纪煤的微观孔隙形态特征,采用扫描电子显微镜的方法,对 8 个陕北侏罗纪实验煤样在不同放大倍数条件下观察微观形貌、孔隙以及裂隙发育情况等。

一、实验方法

本书扫描电镜实验采用长安大学材料科学与工程学院的日立 E-1045 离子溅射仪和 S-4800 场发射扫描电镜进行测试,实验仪器分别如图 2-10 和图 2-11 所示。

图 2-10　日立 E-1045 离子溅射仪

图 2-11　S-4800 场发射扫描电镜

首先将实验煤样放入离子溅射仪的样品池内,通过磁场控制金元素的溅射轨迹,从而使得实验煤样表面喷镀的金元素镀层更均匀,在喷射 2~4 min 后,在消除其不导电的荷电现象的同时,显著提高了观察效果。然后将 8 个实验样品按顺序均匀黏结在导电胶带上,放入场发射扫描电镜样品室,依次按照从低倍数到高倍数(3 000 倍、20 000 倍和 70 000 倍)进行煤表面微观形态的观察和扫描成像。同时,对陕北侏罗纪煤样表面不同点与面位置,采用能谱仪进行元素的定性和半定量分析。

二、孔隙结构及元素分布

通过测试陕北侏罗纪实验煤样在不同放大倍数下的孔隙与裂隙发育情况,如图 2-12~图 2-19 所示。

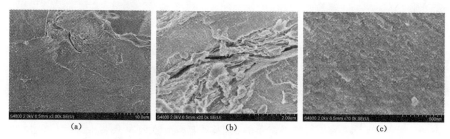

图 2-12　黄陵煤样在不同放大倍数下的 SEM 图像

(a) 3 000 倍;(b) 20 000 倍;(c) 70 000 倍

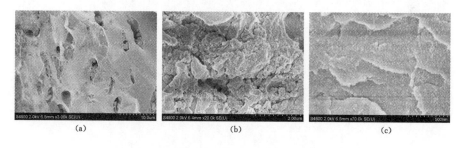

图 2-13　建新煤样在不同放大倍数下的 SEM 图像

(a) 3 000 倍;(b) 20 000 倍;(c) 70 000 倍

从 8 个实验煤样的 SEM 图中可以发现,陕北侏罗纪煤表面均存在不同数量的孔隙或裂隙结构,孔隙和裂隙宽度基本上在微米级,但不同煤样的裂隙发育程度有所区别。在 8 个陕北侏罗纪实验煤样中,除了黄陵和建新煤样,其他煤样在 3 000 倍放大条件下均可发现丝炭结构,呈条纹状,由于丝炭结构裂隙发育充分,丝炭越多导致煤的比表面积越大;从 20 000 倍放大效果来看,黄陵、建新、柠条塔、张家峁和凉水井煤样的孔隙发育较充分,且孔隙间连通性较好,微米级裂

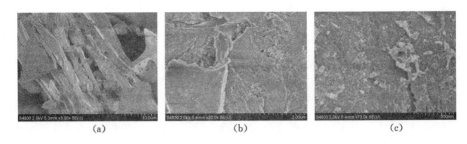

图 2-14　榆阳煤样在不同放大倍数下的 SEM 图像

(a) 3 000 倍；(b) 20 000 倍；(c) 70 000 倍

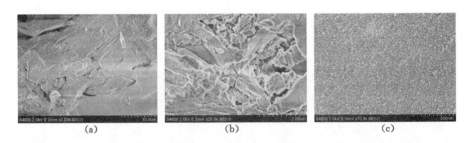

图 2-15　柠条塔煤样在不同放大倍数下的 SEM 图像

(a) 3 000 倍；(b) 20 000 倍；(c) 70 000 倍

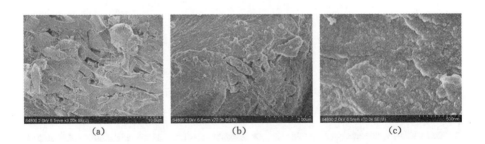

图 2-16　张家峁煤样在不同放大倍数下的 SEM 图像

(a) 3 000 倍；(b) 20 000 倍；(c) 70 000 倍

隙发育充分,裂隙与孔隙相互交连;在 70 000 倍放大倍数扫描图像中,均可以发现陕北侏罗纪煤表面粗糙,呈颗粒形态特征。同时,在扫描图像中有些纹路是由于煤样在破碎过程中形成的断面,如黄陵煤样 3 000 倍放大图像。

煤结构中矿物质基本以堆积或与煤互相渗透为一体的形式存在,通过能谱仪分析了 8 个陕北侏罗纪实验煤样表面的元素组成,测试到的元素比例如表 2-6 所列。

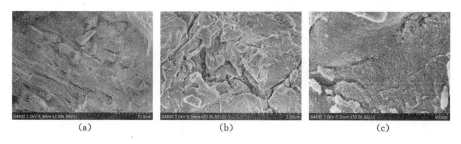

(a)　　　　　　　　　(b)　　　　　　　　　(c)

图 2-17　凉水井煤样在不同放大倍数下的 SEM 图像

(a) 3 000 倍；(b) 20 000 倍；(c) 70 000 倍

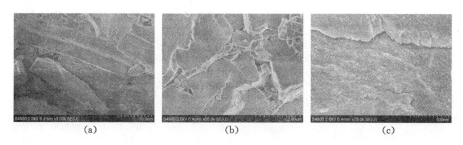

(a)　　　　　　　　　(b)　　　　　　　　　(c)

图 2-18　石圪台煤样在不同放大倍数下的 SEM 图像

(a) 3 000 倍；(b) 20 000 倍；(c) 70 000 倍

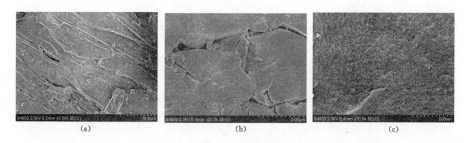

(a)　　　　　　　　　(b)　　　　　　　　　(c)

图 2-19　红柳林煤样在不同放大倍数下的 SEM 图像

(a) 3 000 倍；(b) 20 000 倍；(c) 70 000 倍

表 2-6　　　　　　　　　　　实验煤样表面元素分布

煤　样	元素含量/%							
	C	S	O	Ca	Zr	Al	Si	Fe
黄　陵	88.38	0.02	11.6					
建　新	73.25		24.41			1.23	1.11	
榆　阳	74.43	0.13	24.95			0.25	0.24	
柠条塔	67.79		31.07			0.59	0.55	

煤 样	元素含量/%							
	C	S	O	Ca	Zr	Al	Si	Fe
张家峁	87.05		12.84			0.06	0.05	
凉水井	36.75		59.88	2.55		0.33	0.34	0.15
石圪台	81.11		18.64	0.09	0.16			
红柳林	81.39		18.61					

建新、榆阳、柠条塔、张家峁及凉水井煤样中发现了 Al 和 Si 元素,通过两种元素的分布比例,与 X 射线衍射实验发现的高岭石 $[Al_2Si_2O_5(OH)_4]$ 符合较好。同时,在凉水井和石圪台煤样中发现了 Ca 元素的存在,也可以推测存在小含量的 $CaCO_3$ 成分,有可能是方解石。在凉水井煤样中同时发现有 Fe 元素的存在,推测有硫铁矿或者含铁氧化物存在。

通过电镜扫描以及孔径分布发现,陕北侏罗纪煤比表面积存在差异,与孔隙、裂隙发育有关,从而会引起对氧气的吸附量有所差异,影响煤自燃的前期氧化,孔隙与裂隙较多,比表面积较大,与氧气接触机会较多,吸氧量较大,有利于前期的氧化放热。因此,从多孔微观结构对吸氧的影响角度来看,陕北侏罗纪煤体现了较高的自燃倾向性。

第五节　主要官能团分布特征

通过以上实验测试可以发现,陕北侏罗纪煤宏观表现为一种具有多种孔隙结构、存在矿物质的由芳香微晶结构及脂肪结构组成的复杂混合物。煤分子结构的主体是缩合度较差的芳香结构,同时包括含氧官能团和脂肪烃结构等主要官能团。

根据煤氧复合综合作用学说,煤的氧化自燃主要是煤结构与氧发生作用的过程,而煤结构中的不同官能团与氧反应的难易程度不同,即活性程度不同。在整个分子结构中,能够自发或者在获得一定能量后相对容易与氧分子能够发生反应的基团称为活性基团,煤的前期氧化也就是活性基团与氧气分子发生反应,进而放热升温的过程。在这个过程中煤分子结构中的活性基团的种类和数量也在发生变化,其中含量变化较大,与氧化过程相关性较好的活性基团称为氧化过程的关键活性基团。为了研究陕北侏罗纪煤的氧化自燃机理,需要研究其在原始状态下主要含有的官能团,以及在氧化过程中主要参与反应发生变化的活性基团,并结合其他实验及理论分析确定陕北侏罗纪煤氧化反应过程的关键活性基团。

一、实验方法

红外光谱技术能够通过物质表面分子被波长连续变化的红外光照射时,分子吸收红外辐射而产生振动能级跃迁,与分子固有频率相同的红外光即被吸收,定性和半定量分析物质表面的微观结构。分子中各基团的振动形式和相邻基团则决定了红外吸收谱峰的位置与强度,从红外光谱图可以反映出分子结构上的特点。红外光谱测试的中红外区($4\,000\sim400\,cm^{-1}$)是常见化学基团的振动区,根据不同基团的振动形式主要包括 X—H 伸缩振动区($4\,000\sim2\,500\,cm^{-1}$)、三键和累计双键区($2\,500\sim1\,900\,cm^{-1}$)、双键伸缩振动区($1\,900\sim1\,200\,cm^{-1}$)以及 X—Y 伸缩振动和 X—H 变形振动区($<1\,650\,cm^{-1}$)。因此,通过掌握各种基团吸收谱峰的位置及位置移动规律,就可以对物质结构中化学基团的红外光谱测试进行解析,进而确定物质分子结构中的化学基团,同时,由于煤分子结构中不同官能团的含量不同,其振动强度也会不同,因此可以根据不同官能团吸收峰的强度及分子基团的振动位置对煤分子结构中官能团的相对含量进行半定量分析。其中煤结构红外光谱中主要特征谱峰及归属如表 2-7 所列。

表 2-7　　　　　　　　红外光谱主要特征谱峰归属表

谱峰类型	谱峰位置/cm^{-1}	官能团	谱峰归属
芳香烃	$3\,050\sim3\,030$	—CH	芳烃 C—H 伸缩振动
	$1\,604\sim1\,599$	C=C	芳香环中 C=C 伸缩振动
	$900\sim700$	C—H	多种取代芳烃的面外弯曲振动
脂肪烃	$2\,975\sim2\,915$	—CH_2、—CH_3	甲基、亚甲基不对称伸缩振动
	$2\,875\sim2\,858$	—CH_2、—CH_3	甲基、亚甲基对称伸缩振动
	$1\,449\sim1\,439$	—CH_2—CH_3	亚甲基剪切振动
含氧官能团	$1\,736\sim1\,722$	C=O	醛、酮、酸的羰基伸缩振动
	$1\,715\sim1\,690$	—COOH	羧基
	$1\,330\sim1\,060$	C—O—C	醚键
	$3\,660\sim3\,632$	—OH	游离的羟基
	$3\,500\sim3\,200$	—OH	酚、醇羟基、氨基或水在分子间缔合的氢键

本书采用陕煤化技术研究院化工所的德国布鲁克 VENTEX80 原位漫反射傅里叶红外光谱分析仪完成实验测试。为了获得原始状态下煤的红外光谱图,在空气气氛下测试陕北侏罗纪煤分子结构中在常温条件下的主要官能团分布情况,实验装置设定红外光谱扫描次数为 32 次,分辨率为 $4\,cm^{-1}$,波谱扫描范围为 $400\sim4\,000\,cm^{-1}$。煤样粒径选用 $0.075\sim0.109\,mm$,并且为了减少散射峰的干扰,实验煤样与 KBr 粉末以 1∶1 比例混合。实验装置如图 2-20 所示。

图 2-20　原位漫反射傅里叶红外光谱分析仪

二、主要官能团分布

通过红外光谱测试,得到了 8 个陕北侏罗纪实验煤样的红外光谱图,如图 2-21 所示。

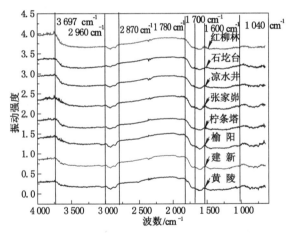

图 2-21　实验煤样的红外光谱图

从实验煤样的红外光谱图中可以发现,陕北侏罗纪煤分子结构中均含有芳香烃、脂肪烃及含氧官能团。这三类结构在红外光谱图上表现为多个较为明显的谱峰,包括 3 050～3 030 cm^{-1} 位置的芳香烃 C—H 结构、1 604～1 599 cm^{-1} 位置的芳烃 C═C 骨架、2 975～2 915 cm^{-1} 和 2 875～2 858 cm^{-1} 位置的甲基和亚甲基、3 700～3 200 cm^{-1} 位置的羟基、1 790～1 770 cm^{-1} 位置的羰基、1 715～1 690 cm^{-1} 位置的羧基及 1 330～1 060 cm^{-1} 附近位置的醚键等。

（1）芳香烃

陕北侏罗纪煤分子结构中的芳香烃结构主要表现为红外光谱图中的

3 050～3 030 cm^{-1}、1 604～1 599 cm^{-1}和900～700 cm^{-1}三个位置。3 050～3 030 cm^{-1}主要是芳香环 C—H 振动,1 604～1 599 cm^{-1}主要是芳香环中的C＝C振动,而900～700 cm^{-1}波长范围内主要是芳香环 C—H 结构的取代基振动,均是 3 050～3 030 cm^{-1}的相关谱峰,取代基主要包括三类:870 cm^{-1}、820 cm^{-1}和750 cm^{-1},这三类是可以作为反映煤分子结构中芳香核缩聚程度的指标。陕北侏罗纪煤分子结构中在 1 604～1 599^{-1}cm 位置的 C＝C 振动强度与石炭-二叠纪煤相比较差,结合 X 射线衍射分析的微晶结构分析,陕北侏罗纪煤芳香结构中芳香环较少,比多环结构不稳定。

（2）脂肪烃

煤分子结构中脂肪烃的 C—H 键振动主要表现为 3 000～2 800 cm^{-1}位置的甲基与亚甲基的伸缩振动,此外还有 1 449～1 439 cm^{-1}与 1 379～1 373 cm^{-1}的剪切振动。通过原始煤样的红外谱图可以确定,陕北侏罗纪煤样中均存在甲基和亚甲基结构,根据前期研究发现,甲基与亚甲基是参与煤氧化过程的活性基团,说明陕北侏罗纪煤在原始状态下存在氧化反应的物质条件,这也可能是煤自燃发生的影响因素之一。

（3）含氧官能团

煤分子结构中含氧官能团的吸收谱带主要位于 1 800～1 000 cm^{-1}范围内,主要含有羟基、羧基、羰基和醚氧键等含氧官能团,其中在 1 736～1 722 cm^{-1}位置谱图是醛、酮、酸的羰基伸缩振动,1 715～1 690 cm^{-1}位置谱图是羧基振动,1 330～1 060 cm^{-1}位置的是 C—O 振动,这些官能团主要连接在煤内部芳香大分子结构上。O—H 键在煤分子结构中主要以三种形式存在,分别是游离羟基、分子内氢键及酚醇酸羟基,谱带中波长范围分别为 3 684～3 625 cm^{-1}、3 624～3 613 cm^{-1}、3 550～3 200 cm^{-1},羟基不稳定,容易参与反应,对煤氧化反应影响较大。陕北侏罗纪实验煤样红外光谱图中羟基、羧基、羰基和醚氧键等含氧官能团谱峰较为明显,表明陕北侏罗纪煤样在原始状态下氧化性较强。

通过对 8 个原始实验煤样的红外光谱分析,确定了陕北侏罗纪煤分子中与芳香核相连的官能团主要有羟基、甲基、亚甲基、羧基、羰基、烷基醚等,在笔者以前的研究中发现,陕北侏罗纪煤中含氧官能团及甲基和亚甲基具有较高的反应活性,在原始状态下能够更为容易参与氧化反应,反应过程的热效应使得能量达到反应活化能,进一步促进煤自燃。因此,活性基团的种类和数量决定了煤的氧化反应性,通过测试氧化过程中的活性基团变化,可以用以分析陕北侏罗纪煤的氧化反应的微观过程,从而进一步确定陕北侏罗纪煤的氧化反应性。

第六节　本 章 小 结

本章以选取的陕北侏罗纪煤田几个典型矿区煤样为研究对象,采用工业分析仪、元素分析仪测定了陕北侏罗纪煤的煤质和元素组成,采用 X 射线衍射分析仪确定了陕北侏罗纪煤的微晶结构特征,采用物理化学吸附仪测试了陕北侏罗纪煤的比表面积以及孔径分布,利用原位漫反射傅里叶红外光谱分析仪分析了陕北侏罗纪煤分子结构中官能团分布特征,得出以下主要结论:

(1) 陕北侏罗纪煤具有低灰、低硫、高挥发分的特点,水分和灰分含量均未超过 10%,且水分与灰分总量也未超过 15%,挥发分含量在 $30\%\sim40\%$ 的范围内,碳元素含量在 $70\%\sim80\%$ 范围内,氧元素含量在 $15\%\sim20\%$ 范围内,同时含有高岭石和方解石等矿物质,通过能谱分析也可以发现 Al、Si、Ca 等矿物质元素的存在。

(2) 陕北侏罗纪煤分子结构中存在一定数量的芳香微晶结构,石墨化程度较低,煤化度与石炭-二叠纪煤相比较低,分子结构中芳香环缩合程度较差,存在较高含量的桥键、侧链和官能团,分子结构内部排列有序性较差,结构不稳定,在能量参与下容易发生反应。

(3) 陕北侏罗纪煤均有较大的比表面积,中孔所占比例相对较大,达到 $50\%\sim60\%$,同时高倍电子显微镜下可以发现裂隙和孔隙结构的存在,均有利于氧气分子的扩散与渗透,为煤氧吸附与氧化反应提供了条件。

(4) 原始状态下陕北侏罗纪煤分子结构中存在芳香烃、脂肪烃、含氧官能团等主要基团,其中含氧官能团包括羟基、羧基、羰基、烷基醚等,含氧官能团对陕北侏罗纪煤的氧化反应性有着重要影响。

第三章　陕北侏罗纪煤氧化动力学研究

根据目前的研究结果发现,煤的氧化自燃是符合煤氧复合作用学说的动力学过程,而由于煤结构的复杂性,其反应动力学过程一直未能得到准确解释。在众多的动力学研究方法中,从 20 世纪 50 年代开始的热分析方法已经开始被系统性地用于研究物质反应动力学。热分析动力学中线性升温条件下对固体物质的"非等温动力学"研究,与传统的等温法相比更为简便和准确。根据前一章节对陕北侏罗纪煤基础特性参数的研究发现,煤是一种包含有机大分子、无机小分子以及矿物质等的混合物,因此煤氧复合反应过程的热分析动力学结果是表观动力学,虽不能表示其真正的反应过程和机理函数,但基于表观动力学参数的变化规律,能够从宏观上综合表征和揭示煤氧化过程。本章采用热重红外联用实验分析陕北侏罗纪煤在热解和氧化过程中质量变化以及反应产物变化规律,并基于热重曲线对氧化过程进行动力学分析。

第一节　TG-FTIR 联用实验方法

一、实验原理

热红联用实验技术(英文简写 TG-FTIR)是指采用热分析技术与红外光谱技术连续测试物质质量以及产物气体组分和定量变化,从而推测反应热动力学过程及反应机理的一种现代测试方法。其中热分析技术常用的是热重分析(thermal gravity analysis,TGA)技术,它是采用热天平测量物质的质量在程序升温过程中变化规律的技术,实验测试可以得出 TG/DTG 曲线,其中 TGA 曲线为物质在程序升温过程中随温度变化曲线,可以通过热天平直接测得,DTG (differential thermal gravity)曲线是通过在热重分析的基础上对质量变化进行微分处理,得到 TG 曲线上实时温度下样品的质量变化率。热分析技术对于研究含能材料因受热而发生质量变化过程,是非常快捷、简单的。但由于该技术在对样品的状态进行测试的同时,无法表征受热过程中产生的气体组分,因此对反应过程的了解不够全面,需要借助其他手段对反应产生的气体产物进行分析。

在目前与热分析联用测试反应气体产物的技术手段中,红外光谱技术是根据分子在接收波长连续变化的红外光照射时,会吸收与分子固有频率相同的红外光而产生振动能级跃迁,能够实时定量分析分子结构变化。因此,利用热重与红外光谱联用技术,可以对物质热氧化或者分解过程逸出的气体进行检测和分析,从而了解物质受热过程中的气体产生情况,进一步推测出该物质受热过程中可能的反应机理。在考虑到热分析实验与红外光谱实验的测试条件,为了能够达到联用实验效果,在实际使用过程中热重实验产生的挥发分或分解产物是利用吹扫气(N_2)通过恒定在 $200\sim250$ ℃ 的保温金属管道及玻璃气体池送出,并引入红外光谱仪的光路中进行测试分析。因此,热红联用实验技术弥补了单用热分析法只给出特征温度、热失重百分含量等参数,而无法给出反应挥发及产生气体组分结果的不足,因而在各种有机、无机材料的热稳定性和热氧化分解机理方面得到了广泛应用。采用 TG-FTIR 技术来分析煤的氧化、热解特性,根据不同升温速度条件下煤粉的热重损失曲线能够确定煤的氧化、热解反应活化能变化曲线,得到热反应过程中的动力学机理(模式)函数,同时由红外光谱确定其产生气体的种类和数量变化,为研究热氧化、热解初期的微观反应过程提供了新途径,并使研究更接近煤热解、氧化过程化学反应的实质。

二、实验条件

本章实验采用德国 NETZSCH 热重分析仪与德国布鲁克 VENTEX70 原位漫反射傅里叶红外光谱分析仪联用完成测试。该实验系统在固定升温速率下的程序升温过程中检测陕北侏罗纪煤样的质量变化,同时利用吹扫气将实验过程中产生的气体送到红外光谱分析仪进行检测,以确定气体产物的变化规律。实验装置如图 3-1 所示。

图 3-1 热分析实验装置

将选用的 8 个陕北侏罗纪实验煤样在空气气氛中破碎粒度至 $0.075\sim0.109$ mm,并分别在空气和氮气两种气氛下进行热分析与红外光谱联用实验测试,实验煤样使用量均为 5 mg。

(1)空气气氛条件:将 8 个陕北侏罗纪煤样在流量为 100 mL/min 的空气气

氛下,进行升温速率为 5 ℃/min、10 ℃/min、15 ℃/min、20 ℃/min 的实验测试,升温范围为 30～700 ℃。

（2）N_2气氛条件:由于热解过程作为对比实验,因此 8 个陕北侏罗纪煤样在流量为 100 mL/min 中的 N_2 气氛下仅进行 5 ℃/min 升温速率的实验测试,升温范围设置为 30～700 ℃。

第二节　热重曲线特征

一、曲线变化特征

分别对 8 个陕北侏罗纪实验煤样的热解和氧化过程热重曲线变化特征进行分析。

1. 热解过程

通过实验发现,8 个陕北侏罗纪煤热解过程中热重曲线的变化特征相同,因此,以黄陵煤样升温速率为 5 ℃/min 的热解实验曲线为例,对陕北侏罗纪煤的热解特性进行分析,如图 3-2 所示。

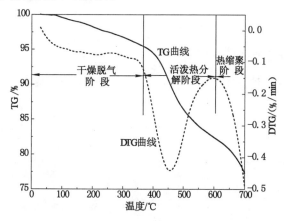

图 3-2　黄陵煤样的热解过程 TG、DTG 曲线

陕北侏罗纪煤热解过程的热重曲线整体表现为失重,但不同温度下的热失重速率有所区别,主要与陕北侏罗纪煤结构中活性基团在热解条件下的反应性相关。在本书热解实验的温度范围内,8 个煤样并没有完全热解,通过实验发现,实验煤样在低温阶段热解程度较低。根据热解过程中失重速率的变化特征,可将陕北侏罗纪煤热解过程划分为三个阶段,分别为干燥脱气阶段、活泼热分解阶段和热缩聚阶段。

在干燥脱气阶段,发生的物理与化学过程主要包括煤结构中水分的蒸发与气体的脱附,总体表现为速率较为缓和的失重过程,在 100 ℃之前由于水分的蒸发,失重速率下降较快,在 200 ℃之前煤裂隙中的气体基本得到脱附,之后存在弱键的断裂,该阶段温度范围为实验初始温度到 350 ℃左右;在活泼热分解阶段,主要是煤大分子结构的解聚和分解反应,该阶段热分解反应发生剧烈,主要在 350~550 ℃的温度范围内;热缩聚阶段在 550 ℃以上的温度范围,主要是由于分子间的缩聚反应,一方面释放大量气体产物,另一方面表现为煤的热破坏。

2. 氧化过程

通过对 8 个陕北侏罗纪实验煤样的热重实验结果进行分析后发现,不同煤样在不同升温速率的受热氧化过程曲线趋势基本相同,在实验初始至完全燃烧至质量稳定不变过程中,按照实验煤样的增失重台阶可将氧化过程分为 5 个阶段,即水分蒸发及气体脱附失重阶段、吸氧增重阶段、受热分解失重阶段、燃烧阶段和燃尽阶段。对比热解过程的热重曲线,在低温阶段整体上表现为失重,热失重速率在不同温度范围内变化趋势不同。以黄陵煤样升温速率为 5 ℃/min 的氧化实验曲线为例,对实验过程不同阶段进行分析,如图 3-3 所示。

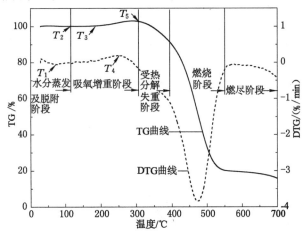

图 3-3　黄陵煤样氧化过程的 TG、DTG 曲线

实验煤样经过破碎后,与空气中的气体进行了充分的解吸附作用,达到了吸附和脱附平衡,在氧化与热解升温实验过程中煤样中的气体随着温度的升高吸附和脱附平衡打破,脱附量增加,同时煤样中的水分开始逐渐蒸发,导致实验煤样的失重。而由于氧化实验中氧气的参与,煤与氧存在物理化学吸附以及化学反应过程,因此在氧化实验的失重过程中伴随着增重,在出现失重最低点后开始出现吸氧增重过程,热解过程中由于水分的蒸发以及自身结构的分解,质量一直处于损失状态。从热失重率数据中可以发现,在低温氧化过程的水分蒸发及气

体脱附阶段和吸氧增重阶段温度范围内,热解过程中实验煤样仍处于干燥脱气阶段,主要的热解反应为弱键的断裂,但失重率总体上要大于氧化过程,这也表明氧气直接影响了陕北侏罗纪煤的低温热反应过程,并且在该过程中起到了重要作用。氧化过程中吸氧增重阶段之后进入了高温热分解及燃烧阶段,而热解过程中低温阶段由于热分解作用较为缓慢,热分解率较低,在700℃仍未完全分解,热失重率不到30%。

在同一实验煤样的氧化过程中,不同升温速率的热重曲线变化特征存在一定的规律,以黄陵煤样不同升温速率条件下氧化过程的TG和DTG曲线为例进行作图,如图3-4所示。

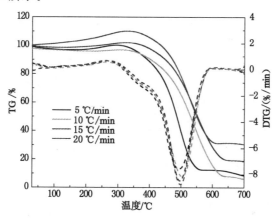

图3-4　黄陵煤样的氧化过程不同升温速率下的TG、DTG曲线

随着升温速率的升高,氧化和热解的TG/DTG曲线均存在滞后现象,表现为曲线向高温方向偏移,这主要是由于煤的导热性能较差,外界环境的升温并不能直接导致煤体内部的快速升温。因此与较慢升温速率的实验过程对比,快速升温速率条件下的煤样在达到同一温度时,煤样内部氧化与分解反应的程度较低,宏观表现出的质量也要高于较慢升温速率实验。

通过对比实验煤样的氧化与热解曲线,可以发现由于氧气的参与,陕北侏罗纪煤的氧化过程中失重曲线和失重率与热解过程中区别较大,主要表现为低温氧化过程中存在吸氧增重阶段,煤分子结构通过对氧气的吸附与反应,产生了含氧活性基团,且增加量在吸氧增重阶段越来越多。因此,可以初步认为在低温氧化过程中氧化作用要大于热解作用,在吸氧增重阶段氧化起到了主导作用。基于煤氧复合作用的理论,煤的氧化自燃的关键在于低温氧化过程的煤氧吸附与反应,因此本书主要通过热分析实验研究陕北侏罗纪煤在低温氧化过程的动力学特性,包括低温过程的水分蒸发及气体脱附失重阶段(以下简称失重阶段)及吸氧增重阶段(以下简称增重阶段),通过低温氧化过程两个阶段的分析,掌握陕北侏罗纪煤样的氧化动力学特性。

二、特征温度

在低温氧化升温过程中,从质量变化角度可以确定陕北侏罗纪煤氧化的特征温度点,主要表现为前期水分蒸发及气体脱附过程失重速率最大时的临界温度(T_1)、失重最低点的干裂温度(T_2)、初始增重的活性温度(T_3)、增重速率最大的增速温度(T_4)以及增重最大的燃点温度(T_5),各个特征温度位置见图3-3。作为氧化过程阶段特性的重要参数,特征温度点的高低能够表征煤样氧化过程的难易程度,对于分析陕北侏罗纪煤氧化自燃性具有指标意义。

(1)临界温度

临界温度作为热重曲线上低温氧化过程失重阶段失重速率的最大点,表现为DTG曲线上的最小值。自升温实验过程开始,陕北侏罗纪煤中含有的水分开始出现少量蒸发,同时煤中吸附的气体开始发生脱附,并且伴随着煤与氧之间的吸附和反应过程,在达到临界温度时,煤体中气体的脱附以及水分蒸发量与吸附氧气引起的质量差值达到最大,表现出失重速率的极大值,也就是临界温度。在临界温度之后,煤氧复合反应程度增加,吸氧速率相比较脱附及蒸发速率加快,实验煤样的失重速率降低。因此,煤自燃的临界温度越低,表明达到煤氧复合作用加速时的时间越短,在较低的温度下就可以达到氧化反应的关键点,煤的自燃倾向性就越高。

(2)干裂温度

在经过临界温度之后,煤样进入失重速率减小的阶段。在这个过程中,煤样吸氧速率加快,直至TG曲线上出现失重速率为0的点,即实验煤样燃烧前质量最小点,该温度是煤氧化自燃的干裂温度,也是TG曲线上低温氧化过程失重阶段的结束点,同时也是吸氧增重阶段的起始点。干裂温度从微观解释为煤已经开始进入了剧烈氧化阶段,在该阶段活性基团的种类和数量开始剧烈增加,煤分子结构中的部分活性结构发生反应产生了一定量的裂解气体,如 C_2H_4、C_2H_6 等,在原始煤体中如果没有赋存这些有机气体,那么这些有机气体就可以作为煤氧化自燃的指标气体。

(3)活性温度

干裂温度之后,实验煤样对氧的吸附和复合作用进一步增强,与脱附作用和反应消耗会有一段动态平衡阶段,煤样质量在该温度范围内总体上表现为较低程度的增重,随后进入明显的增重阶段。虽然干裂温度为吸氧增重阶段的初始温度,但从活性温度开始增重就很明显。在氧气分子的参与下,陕北侏罗纪煤分子结构中部分活性结构开始断键与氧复合,产生大量活性基团并参与反应,通过宏观质量变化,可以得到此阶段反应的气体产生量总体上低于煤对氧的吸附和反应量。

（4）增速温度

在陕北侏罗纪煤低温氧化过程的吸氧增重阶段，实验煤样的质量变化主要受煤氧复合增重与反应消耗失重的综合影响，表现为实验煤样在增重过程中的TG曲线上存在增重速率最大点，此温度点即陕北侏罗纪煤氧化自燃的增速温度。从活性温度到增速温度，煤氧复合增重速率总体上高于氧化反应消耗的失重速率，宏观表现为速率增加。随着温度的升高，煤氧化反应进程加快，陕北侏罗纪煤分子结构中活性基团积累到一定程度，反应消耗量也开始剧烈增加，在增速温度点煤样的增重量与反应失重量差值出现极大值，增速温度点后活性基团开始大量参与反应，煤样的增重速率开始降低。

（5）燃点温度

增速温度后活性基团同时存在产生和消耗，在煤与氧的复合反应增重和反应消耗失重的综合影响下，陕北侏罗纪煤仍表现为增重，但增重速率降低，最终达到煤样质量的极大值，此时煤样的吸氧增重量与反应消耗量达到平衡，此温度点即为煤氧化自燃的燃点温度。在燃点温度之后煤样开始进入分解及燃烧阶段，煤分子结构中活性基团的反应进程进入快速反应消耗阶段，宏观上表现为煤样开始进入明显的失重阶段。

由于升温速率对煤氧化过程存在影响，在不同升温速率条件下实验煤样的自燃特征温度值不同，总体表现为特征温度值随着温度的升高而增加。以5 ℃/min升温速率的实验数据为例进行分析，确定了陕北侏罗纪煤样在升温速率为5 ℃/min 的氧化过程中的5 个特征温度值，结果如表3-1所列。

表 3-1 实验煤样氧化自燃的特征温度

煤 样	临界温度/℃	干裂温度/℃	活性温度/℃	增速温度/℃	燃点温度/℃
黄 陵	65.8	115.2	168.2	231.8	290.0
建 新	73.0	119.0	169.9	240.0	287.0
榆 阳	65.1	116.2	154.0	242.3	285.2
柠条塔	72.0	120.6	155.3	226.0	265.3
张家峁	70.4	122.1	163.7	231.3	275.6
凉水井	71.2	121.2	154.4	238.5	291.5
石圪台	65.9	114.4	162.4	229.0	260.9
红柳林	67.2	117.6	172.2	242.7	286.2

由于在较低升温速率条件下煤样可以得到较为充分的氧化，因此，与高升温速率实验结果相比，陕北侏罗纪煤氧化自燃的特征温度较低，临界温度在65～75 ℃范围内，干裂温度在120 ℃左右，活性温度在150～175 ℃范围内，增速温

度在 220～245 ℃ 范围内,燃点温度在 260～295 ℃ 范围内。这与煤的结构相关,但总体上陕北侏罗纪煤的特征温度与其他成煤时期煤样相比普遍较低,不同煤样之间也有所区别,需要通过其他微观实验方法进行解释。

第三节 气体产物分析

热分析实验过程中产生的气体通过傅里叶红外光谱分析仪进行成分及变化规律测试,红外光谱图中 2 400～2 300 cm⁻¹ 位置为 CO_2 气体的 C=O 振动, 2 200～2 050 cm⁻¹ 位置为 CO 气体的振动,1 970～1 320 cm⁻¹ 位置为水分子的—OH 振动。不同实验煤样在氧化和热解过程中不同气体产物的红外光谱变化情况如图 3-5～图 3-12 所示。

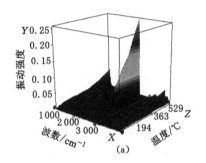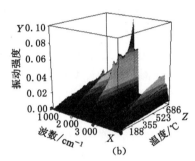

图 3-5 黄陵煤样气体产物原位红外谱图
(a) 氧化过程;(b) 热解过程

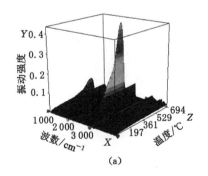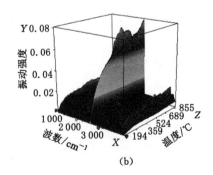

图 3-6 建新煤样气体产物原位红外谱图
(a) 氧化过程;(b) 热解过程

通过图 3-5～图 3-12 可以发现,陕北侏罗纪煤氧化过程中气体产物的红外光谱强度普遍高于热解过程,且气体产物的变化也较为明显,其中 2 400～2 300

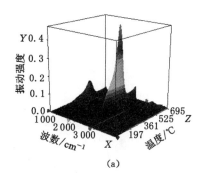
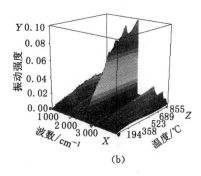

图 3-7　榆阳煤样气体产物原位红外谱图

（a）氧化过程；（b）热解过程

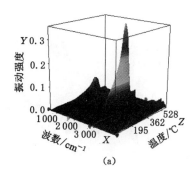
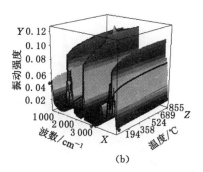

图 3-8　柠条塔煤样气体产物原位红外谱图

（a）氧化过程；（b）热解过程

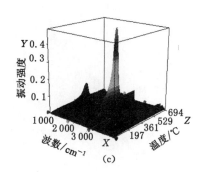
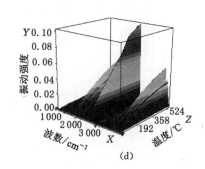

图 3-9　张家峁煤样气体产物原位红外谱图

（a）氧化过程；（b）热解过程

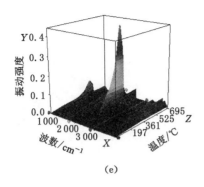
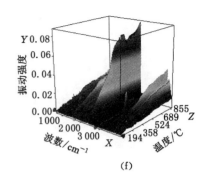

(e)　　　　　　　　　　　　　　　(f)

图 3-10　凉水井煤样气体产物原位红外谱图

(a) 氧化过程;(b) 热解过程

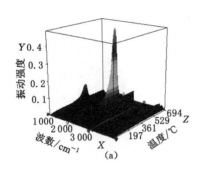
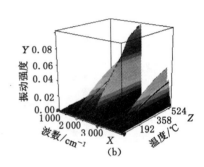

(a)　　　　　　　　　　　　　　　(b)

图 3-11　石圪台煤样气体产物原位红外谱图

(a) 氧化过程;(b) 热解过程

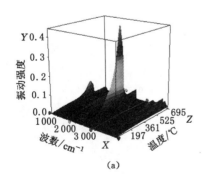
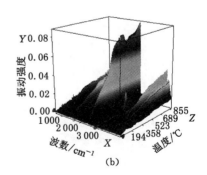

(a)　　　　　　　　　　　　　　　(b)

图 3-12　红柳林煤样气体产物原位红外谱图

(a) 氧化过程;(b) 热解过程

cm^{-1}位置的CO_2气体振动强度最为明显。

一、CO_2气体产生规律

分别对陕北侏罗纪煤氧化和热解实验过程中CO_2气体的产生规律进行分析,8个实验煤样的CO_2气体产生规律如图 3-13 所示,图中纵坐标表示所测气

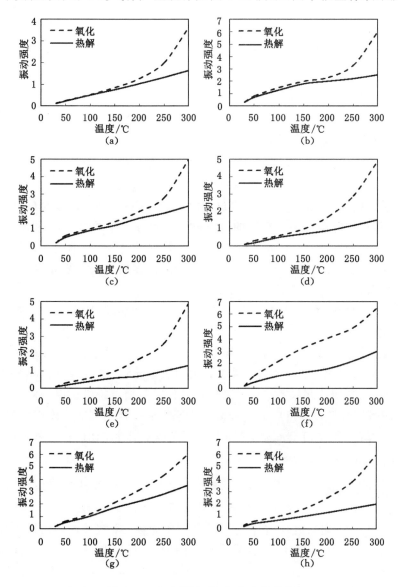

图 3-13　实验煤样 CO_2 气体变化曲线

（a）黄陵煤样;（b）建新煤样;（c）榆阳煤样;（d）柠条塔煤样;

（e）张家峁煤样;（f）凉水井煤样;（g）石圪台煤样;（h）红柳林煤样

体红外光谱峰的振动强度。

通过图 3-13 可以发现,陕北侏罗纪煤样在氧化和热解过程中 CO_2 气体产生量均随着温度的升高而增加,在整个实验过程中氧化反应产生 CO_2 气体总量明显高于热解反应。在水分蒸发及气体脱附阶段,除了凉水井煤样,陕北侏罗纪煤氧化反应产生的 CO_2 气体稍高于热解产生量,表明在该阶段陕北侏罗纪煤结构中氧化反应产生 CO_2 气体的反应程度相对较低。进入吸氧增重阶段后,氧化过程的 CO_2 气体产生速率加快,表明部分活性基团发生反应产生大量的 CO_2 气体,但热解过程中 CO_2 气体的产生速率与水分蒸发及气体脱附阶段基本一致,表明陕北侏罗纪煤低温氧化过程吸氧增重阶段活性基团增多,大量参与氧化反应。同时得到陕北侏罗纪煤在低温氧化过程中表现出的 CO_2 气体产生量基本相同。

二、CO 气体产生规律

分别对陕北侏罗纪煤低温氧化和热解实验过程中 CO 气体产生情况作图,8 个实验煤样的 CO 气体产生规律如图 3-14 所示。

目前的研究普遍认为煤氧反应过程中产生的 CO 气体可以作为煤自燃的指标气体,被广泛应用于煤矿现场的煤自燃预测预报。通过图 3-13 和图 3-14 可以发现,在水分蒸发及气体脱附阶段和吸氧增重阶段温度范围内,陕北侏罗纪煤样在热解和氧化过程中 CO 气体产生量均随着温度的升高而增加,且产生量要低于 CO_2 气体。

陕北侏罗纪煤在整个热解过程中 CO 产生量增加较慢,在 200 ℃之后又较大程度地增加。低温氧化过程失重阶段实验煤样的 CO 产生量增加在整个氧化过程表现也较为平缓,在进入吸氧增重阶段后 CO 产生率急剧增加,表明有大量活性基团参与氧化反应。在整个实验过程中氧化反应产生 CO 气体总量明显高于热解反应,表明陕北侏罗纪煤低温氧化过程吸氧增重阶段反应中活性基团与氧复合产生 CO 气体的反应程度较高。不同实验煤样的 CO 气体产生量不同,红柳林煤样的 CO 产生量最高,这也与不同煤样中活性基团的种类和含量有关。

三、H_2O 产生规律

分别对陕北侏罗纪煤氧化和热解实验过程中 H_2O 气体的产生规律作图,8 个实验煤样的 H_2O 气体产生规律如图 3-15 所示。

通过图 3-15 可以发现,在低温氧化过程水分蒸发及气体脱附阶段和吸氧增重阶段温度范围内,陕北侏罗纪煤样在氧化和热解过程中 H_2O 气体产生量均随着温度的升高而增加,且水分蒸发及气体脱附阶段 H_2O 气体产生率加快,吸氧增重阶段随着温度的升高 H_2O 气体产生量增加,但产生率降低。在水分蒸发及气体脱附阶段氧化反应产生的 H_2O 气体与热解基本一致,但建新和张家峁煤样热解过程产生减少,表明在该阶段的 H_2O 气体产生主要以煤中外在水分蒸发为

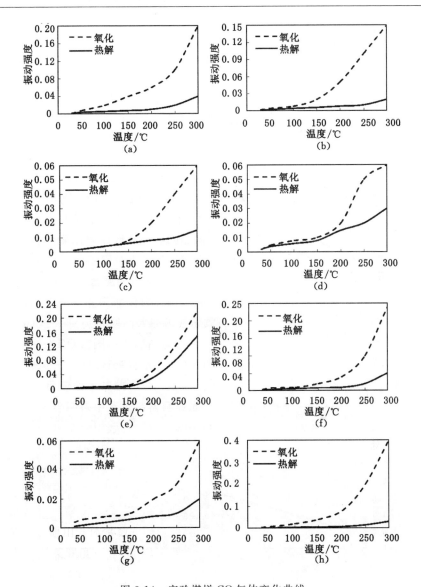

图 3-14　实验煤样 CO 气体变化曲线

（a）黄陵煤样；（b）建新煤样；（c）榆阳煤样；（d）柠条塔煤样；
（e）张家峁煤样；（f）凉水井煤样；（g）石圪台煤样；（h）红柳林煤样

主,吸氧增重阶段后期主要由氧化反应产生。

通过热分析实验过程中产生的 CO_2、CO 和 H_2O 气体变化规律分析,陕北侏罗纪煤氧化过程中三种气体均随着温度的升高呈增加趋势,水分蒸发及气体脱附阶段和吸氧增重阶段的增加程度有所区别。CO_2、CO 气体的产生主要与氧化过程活性基团的反应性相关,在低温氧化失重阶段氧化反应程度较低,CO_2、

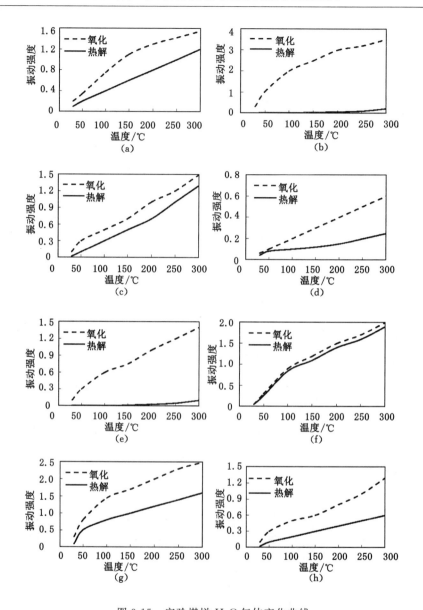

图 3-15　实验煤样 H_2O 气体变化曲线

（a）黄陵煤样；（b）建新煤样；（c）榆阳煤样；（d）柠条塔煤样；

（e）张家峁煤样；（f）凉水井煤样；（g）石圪台煤样；（h）红柳林煤样

CO 气体的产生率较低,进入吸氧增重阶段后产生率迅速增加;由于煤中外在水分的蒸发影响,失重阶段 H_2O 气体产生率较高,增重阶段水分蒸发基本完成,氧化反应产生的 H_2O 气体开始增加,但是产生率相比失重阶段较低。

第四节　分阶段的氧化动力学分析

根据上一节关于陕北侏罗纪煤的 TG-FTIR 实验分析,确定了其低温氧化过程主要分为两个阶段。由于陕北侏罗纪煤组成的复杂性,其氧化反应过程为非均相反应。因此低温氧化过程的活化能表现为温度的函数,同时为了更为准确地掌握整个低温氧化过程中陕北侏罗纪煤的动力学参数,则需要分别对该两个阶段进行动力学计算,以确定两个阶段的活化能随温度的变化规律以及两个阶段的动力学模式函数。

一、热分析动力学理论

目前,煤氧化热解过程的热分析动力学研究主要包括等温法和非等温法,本书主要采用多升温速率的非等温热重曲线进行不同转化率下的活化能计算,结合单升温速率下的微分方程法与普适积分法进行动力学机理函数推断,进而掌握陕北侏罗纪煤的氧化动力学过程。

1. 动力学方法

动力学的研究主要是对基于时间、浓度、温度对反应速率的研究,直接目的在于求解出能描述煤氧反应的上述方程中的"动力学三因子"——E、A 和 $f(\alpha)$。在实验条件下煤样处于连续不断的供氧环境中,气体产物随气流带走,来不及发生可逆反应,因此在实验过程中可假设低温氧化过程为不可逆反应。在煤的热分析实验过程中,煤的质量、热量等物理参数与反应速率的关系可以表达为以下两种形式。

积分形式:

$$G(\alpha) = kt \tag{3-1}$$

微分形式:

$$d\alpha/dt = kf(\alpha) \tag{3-2}$$

式中　α——t 时刻煤的转化率;

k——反应速率常数;

$G(\alpha)$——反应机理函数的积分形式;

$f(\alpha)$——反应机理函数的微分形式。

$f(\alpha)$ 和 $G(\alpha)$ 之间的关系可表示为:

$$f(\alpha) = \frac{1}{G'(\alpha)} = \frac{1}{d[G(\alpha)]/d\alpha} \tag{3-3}$$

根据阿伦尼乌斯(Arrhenius)方程可将 k 与反应温度 T(绝对温度)之间的关系表示为:

$$k = A \cdot \exp(-E/RT) \tag{3-4}$$

式中　E——反应的表观活化能,kJ/mol;

　　　A——反应的表观指前因子;

　　　R——通用气体常数,8.314 J/(mol·K)。

由于实验煤样在一定升温速率的程序升温实验条件下,因此实验煤样的热力学温度与时间的关系为:

$$T = T_0 + \beta t \tag{3-5}$$

式中　T_0——起始点温度,K;

　　　β——升温速率,K/min。

式(3-5)结合式(3-1)～式(3-4)可得出非均相体系在非等温条件下的常用动力学方程式:

$$\frac{d\alpha}{dT} = \frac{A}{\beta} f(\alpha) \exp(-E/RT) \quad （微分式） \tag{3-6}$$

$$G(\alpha) = \int_{T_0}^{T} \frac{A}{\beta} \exp\left(-\frac{E}{RT}\right) dT$$

$$\approx \int_{0}^{T} \frac{A}{\beta} \exp\left(-\frac{E}{RT}\right) dT = \left(\frac{AE}{\beta R}\right) P(u) \quad （积分式） \tag{3-7}$$

其中 $P(u)$ 为温度积分,其公式为:

$$P(u) = \int_{\infty}^{u} -\frac{e^{-u}}{u^2} du \tag{3-8}$$

在上述非等温动力学方程计算过程中,由于 $P(u)$ 计算并不收敛,因此并没有精确的解析式,目前世界上已经有很多种 E、A 和 $f(\alpha)$ 的动力学计算方法。在本书中采用基于多升温速率实验条件下积分法中的 FWO(Flynn-Wall-Oza-wa)法对氧化过程进行不同温度条件的动力学参数计算,并采用微分法中的 Kissinger 法对 FWO 法进行验证,同时采用普适积分法与微分方程法分别进行不同升温速率条件下的单升温速率动力学分析。经过拟合后,根据相关性系数及一致性确定不同实验煤样在低温氧化过程两个阶段的动力学模式函数。

(1) Kissinger 微分法

Kissinger 在动力学方程时,假设反应机理函数为 $f(\alpha) = (1-\alpha)^n$,相应的动力学方程表示为:

$$d\alpha/dt = A \cdot e^{-E/RT} (1-\alpha)^n \tag{3-9}$$

该方程描绘了一条相应的热分析曲线,对方程(3-9)两边微分,得:

$$\frac{d}{dt}\left[\frac{d\alpha}{dt}\right] = \left[A(1-\alpha)^n \frac{de^{-E/RT}}{dt} + Ae^{-E/RT} \frac{d(1-\alpha)^n}{dt}\right]$$

$$= A(1-\alpha)^n e^{-E/RT} \frac{(-E)}{RT^2}(-1)\frac{dT}{dt} - Ae^{-E/RT} n (1-\alpha)^{n-1} \frac{d\alpha}{dt}$$

$$= \frac{d\alpha}{dt} \frac{E}{RT^2} \frac{dT}{dt} - Ae^{-E/RT} n (1-\alpha)^{n-1} \frac{d\alpha}{dt}$$

$$= \frac{d\alpha}{dt} \left[\frac{E \frac{dT}{dt}}{RT^2} - An (1-\alpha)^{n-1} e^{-E/RT} \right] \tag{3-10}$$

在热分析曲线的峰顶处,其一阶导数为零,即边界条件为:

$$T = T_p \tag{3-11}$$

$$\frac{d}{dt} \left[\frac{d\alpha}{dt} \right] = 0 \tag{3-12}$$

将上述边界条件代入式(3-10)有:

$$\frac{E \frac{dT}{dt}}{RT_p^2} = An (1-\alpha_p)^{n-1} e^{-E/RT} \tag{3-13}$$

由于 $n(1-\alpha_p)^{n-1}$ 与 β 无关,其值近似等于 1,因此,式(3-13)可变换为:

$$\frac{E\beta}{RT_p^2} = Ae^{-E/RT_p} \tag{3-14}$$

对方程(3-14)两边取对数,得下列方程,也即 Kissinger 方程:

$$\ln\left(\frac{\beta_i}{T_{pi}^2}\right) = \ln\frac{A_k R}{E_k} - \frac{E_k}{R}\frac{1}{T_{pi}}, i = 1,2,3,4 \tag{3-15}$$

方程(3-15)表明,$\ln[\beta_i/(T_{pi})^2]$ 与 $1/T_{pi}$ 呈线性关系,将二者作图可以得到一条直线,从直线斜率求 E_k,从截距求 A_k。

(2)普适积分法

积分法计算动力学参数主要是对式(3-8)中 $P(u)$ 温度积分进行近似求解计算,对 $P(u)$ 采用分部积分法进行一次近似得到 Coats-Redfern 近似式:

$$\int_0^T \exp\left(-\frac{E}{RT}\right)dT = \frac{RT^2}{E}(1-\frac{2RT}{E})\exp\left(-\frac{E}{RT}\right) \tag{3-16}$$

联立式(3-7)和式(3-16),可得:

$$\ln\left[\frac{G(\alpha)}{T^2}\right] = \ln\left[\frac{AR}{\beta E}(1-\frac{2RT}{E})\right] - \frac{E}{RT} \tag{3-17}$$

方程(3-17)右端第一项几乎是常数,对于合适的 $G(\alpha)$,$\ln[G(\alpha)/T^2]$ 与 $1/T$ 呈线性关系,通过对计算得到的动力学数据进行线性拟合,拟合得到的斜率 $A = -E/R$ 计算活化能 E,根据求得的活化能与截距值计算指前因子 A,并且通过对比常用的固体反应机理函数,确定逻辑上合理的反应机理函数 $G(\alpha)$。

(3)微分方程法

对方程(3-6)进行变换可得:

$$\frac{d\alpha}{dT} = \frac{A}{\beta} f(\alpha) \exp(-E/RT) \tag{3-18}$$

经过两边取对数之后可得:

$$\ln\frac{\beta}{f(\alpha)}\frac{d\alpha}{dT} = \ln A - \frac{E}{RT} \tag{3-19}$$

由于 $\beta = \mathrm{d}T/\mathrm{d}t$，式(3-19)即为：

$$\ln \frac{\mathrm{d}\alpha}{f(\alpha)\mathrm{d}T} = \ln \frac{A}{\beta} - \frac{E}{RT} \tag{3-20}$$

由式(3-20)可以看出，方程左侧 $\ln[(\mathrm{d}\alpha/\mathrm{d}T)/f(\alpha)]$ 与 $1/T$ 呈线性关系，因此根据实验数据测算 $\ln[(\mathrm{d}\alpha/\mathrm{d}T)/f(\alpha)]$ 和 $1/T$，并且作图，拟合出的直线斜率可以计算 E 与 A 的值，并且可以得到逻辑上的反应机理函数 $f(\alpha)$。

（4）FWO 方法

采用温度积分的近似求解 Doyle 近似式，联合方程(3-8)可得：

$$\lg \beta = \lg\left[\frac{AE}{RG(\alpha)}\right] - 2.315 - 0.456\,7\,\frac{E}{RT} \tag{3-21}$$

在方程(3-21)中，在不同升温速率条件下，找到相同阶段的同一转化率 α，在方程中相比较其他参数反应机理函数 $G(\alpha)$ 是一个固定数，因此 $\lg \beta$ 与 $1/T$ 呈线性关系。通过对实验煤样不同升温速率实验条件下同一反应阶段相同转化率的数据进行拟合，拟合所得直线的斜率可计算反应表观活化能 E。

实际过程中转化率 α 间断取值(0、0.025、0.05、0.075、$\cdots$、0.975、1)，在不同转化率 α 下均会得到一组数据 $(\beta_i, T_i)(i=1,2,\cdots,n)$，对4种升温速率下 $\lg \beta_i$ 与 $1/T_i$ 确定的点进行线性拟合，得到拟合公式及拟合度 R^2，当 $R^2 > 0.98$ 时，便可认为线性拟合较好，所得的活化能结果准确性较高。由于 FWO 法在计算活化能值时未采用常用的固体反应机理函数进行计算和对比，计算结果避免了选用机理函数的误差，得到的结果准确性较高，同时该方法下每一个转化率 α 均能计算得到 E 值，对于特定某一升温速率条件下即可得到活化能 E 随着温度的变化规律。

2. 动力学模式函数的确定

通过不同动力学方法对煤氧化自燃过程的动力学分析，可以确定陕北侏罗纪煤的活化能及反应速率等动力学参数，为了进一步从动力学角度上解释煤氧化自燃过程，除了计算活化能以及指前因子等动力学参数外，得到氧化过程的动力学模式函数也是一种表征方法。本书对动力学模式函数的推断采用普适积分法和微分方程法进行对比分析，即 Bagchi 法，该方法主要是在常用固体反应机理函数（表 3-2）中，对比分析两种动力学计算方法在不同升温速率条件下计算结果的一致性，如果选择的反应模型合理，则两种计算方法求得的 E 和 A（或 $\ln A$）值理应相近，动力学参数 E 和 A 值应在含能材料热反应动力学参数的正常值范围内，同时活化能 E 与 FWO 等基于无模法的动力学计算结果相近，并且拟合得到的直线相关性系数 R^2 要在 0.98 以上，在同时达到以上条件才能被认为氧化过程符合该动力学模式函数。

表 3-2 　　　　　　　　　　　　**常用动力学机理(模式)函数**

编号	函数名称	机理	积分形式 $G(\alpha)$	微分形式 $f(\alpha)$
1	抛物线法则	一维扩散	α^2	$\dfrac{1}{2}\alpha^{-1}$
2	Valensi 方程	二维扩散,圆柱形对称,$2D$,D_2	$\alpha+(1-\alpha)\ln(1-\alpha)$	$[-\ln(1-\alpha)]^{-1}$
3	Jander 方程	二维扩散,$n=\dfrac{1}{2}$	$[1-(1-\alpha)^{\frac{1}{2}}]^{\frac{1}{2}}$	$4(1-\alpha)^{\frac{1}{2}}[1-(1-\alpha)^{\frac{1}{2}}]^{\frac{1}{2}}$
4	Jander 方程	二维扩散,$n=2$	$[1-(1-\alpha)^{\frac{1}{2}}]^2$	$(1-\alpha)^{\frac{1}{2}}[1-(1-\alpha)^{\frac{1}{2}}]^{-1}$
5	Jander 方程	三维扩散,$n=\dfrac{1}{2}$	$[1-(1-\alpha)^{\frac{1}{3}}]^{\frac{1}{2}}$	$6(1-\alpha)^{\frac{2}{3}}[1-(1-\alpha)^{\frac{1}{3}}]^{\frac{1}{2}}$
6	Jander 方程	三维扩散,球形对称,$n=2$	$[1-(1-\alpha)^{\frac{1}{3}}]^2$	$\dfrac{3}{2}(1-\alpha)^{\frac{2}{3}}[1-(1-\alpha)^{\frac{1}{3}}]^{-1}$
7	G-B 方程	三维扩散,圆柱形对称,D_4	$1-\dfrac{2}{3}\alpha-(1-\alpha)^{\frac{2}{3}}$	$\dfrac{3}{2}[(1-\alpha)^{-\frac{1}{3}}-1]^{-1}$
8	反 Jander 方程	三维扩散	$[(1+\alpha)^{\frac{1}{3}}-1]^2$	$\dfrac{3}{2}(1+\alpha)^{\frac{2}{3}}[(1+\alpha)^{\frac{1}{3}}-1]^{-1}$
9	Z-L-T 方程	三维扩散	$[(1-\alpha)^{-\frac{1}{3}}-1]^2$	$\dfrac{3}{2}(1-\alpha)^{\frac{4}{3}}[(1-\alpha)^{-\frac{1}{3}}-1]^{-1}$
10	A-E 方程	随机成核和随后生长,A_4,$n=\dfrac{1}{4}$,$m=4$	$[-\ln(1-\alpha)]^{\frac{1}{4}}$	$4(1-\alpha)[-\ln(1-\alpha)]^{\frac{3}{4}}$
11	A-E 方程	随机成核和随后生长,A_3,$n=\dfrac{1}{3}$,$m=3$	$[-\ln(1-\alpha)]^{\frac{1}{3}}$	$3(1-\alpha)[-\ln(1-\alpha)]^{\frac{2}{3}}$
12	A-E 方程	随机成核和随后生长,$n=\dfrac{2}{5}$	$[-\ln(1-\alpha)]^{\frac{2}{5}}$	$\dfrac{5}{2}(1-\alpha)[-\ln(1-\alpha)]^{\frac{3}{5}}$
13	A-E 方程	随机成核和随后生长,A_2,$n=\dfrac{1}{2}$,$m=2$	$[-\ln(1-\alpha)]^{\frac{1}{2}}$	$2(1-\alpha)[-\ln(1-\alpha)]^{\frac{1}{2}}$
14	A-E 方程	随机成核和随后生长,$n=\dfrac{2}{3}$	$[-\ln(1-\alpha)]^{\frac{2}{3}}$	$\dfrac{3}{2}(1-\alpha)[-\ln(1-\alpha)]^{\frac{1}{3}}$
15	A-E 方程	随机成核和随后生长,$n=\dfrac{3}{4}$	$[-\ln(1-\alpha)]^{\frac{3}{4}}$	$\dfrac{4}{3}(1-\alpha)[-\ln(1-\alpha)]^{\frac{1}{4}}$

编号	函数名称	机理	积分形式 $G(\alpha)$	微分形式 $f(\alpha)$
16	Mample 单行法则，一级	随机成核和随后生长，$A_1, F_1, n=1, m=1$	$-\ln(1-\alpha)$	$1-\alpha$
17	A-E 方程	随机成核和随后生长，$n=\dfrac{3}{2}$	$[-\ln(1-\alpha)]^{\frac{3}{2}}$	$\dfrac{2}{3}(1-\alpha)[-\ln(1-\alpha)]^{-\frac{1}{2}}$
18	A-E 方程	随机成核和随后生长，$n=2$	$[-\ln(1-\alpha)]^{2}$	$\dfrac{1}{2}(1-\alpha)[-\ln(1-\alpha)]^{-1}$
19	A-E 方程	随机成核和随后生长，$n=3$	$[-\ln(1-\alpha)]^{3}$	$\dfrac{1}{3}(1-\alpha)[-\ln(1-\alpha)]^{-2}$
20	A-E 方程	随机成核和随后生长，$n=4$	$[-\ln(1-\alpha)]^{4}$	$\dfrac{1}{4}(1-\alpha)[-\ln(1-\alpha)]^{-3}$
21	P-T 方程	自催化反应，枝状成核，A_u, B_1	$\ln\left[\dfrac{\alpha}{1-\alpha}\right]$	$\alpha(1-\alpha)$
22	幂函数法则	$n=\dfrac{1}{4}$	$\alpha^{\frac{1}{4}}$	$4\alpha^{\frac{3}{4}}$
23	幂函数法则	$n=\dfrac{1}{3}$	$\alpha^{\frac{1}{3}}$	$3\alpha^{\frac{2}{3}}$
24	幂函数法则	$n=\dfrac{1}{2}$	$\alpha^{\frac{1}{2}}$	$2\alpha^{\frac{1}{2}}$
25	幂函数法则	相边界反应（一维），$R_1, n=1$	α	1
26	幂函数法则	$n=\dfrac{3}{2}$	$\alpha^{\frac{3}{2}}$	$\dfrac{2}{3}\alpha^{-\frac{1}{2}}$
27	幂函数法则	$n=2$	α^{2}	$\dfrac{1}{2}\alpha^{-1}$
28	反应级数	$n=\dfrac{1}{4}$	$1-(1-\alpha)^{\frac{1}{4}}$	$4(1-\alpha)^{\frac{3}{4}}$
29	收缩球状（体积）	相边界反应，球形对称，R_3，减速形 αt 曲线，$n=\dfrac{1}{3}$	$1-(1-\alpha)^{\frac{1}{3}}$	$3(1-\alpha)^{\frac{2}{3}}$
30	收缩球状（体积）	$n=3$（三维）	$3[1-(1-\alpha)^{\frac{1}{3}}]$	$(1-\alpha)^{\frac{2}{3}}$
31	收缩圆柱体（面积）	相边界反应，圆柱形对称，R_2，减速形 αt 曲线，$n=\dfrac{1}{2}$	$1-(1-\alpha)^{\frac{1}{2}}$	$2(1-\alpha)^{\frac{1}{2}}$

编号	函数名称	机理	积分形式 $G(\alpha)$	微分形式 $f(\alpha)$
32	收缩圆柱体(面积)	$n=2$(二维)	$2[1-(1-\alpha)^{\frac{1}{2}}]$	$(1-\alpha)^{\frac{1}{2}}$
33	反应级数	$n=2$	$1-(1-\alpha)^2$	$\frac{1}{2}(1-\alpha)^{-1}$
34	反应级数	$n=3$	$1-(1-\alpha)^3$	$\frac{1}{3}(1-\alpha)^{-2}$
35	反应级数	$n=4$	$1-(1-\alpha)^4$	$\frac{1}{4}(1-\alpha)^{-3}$
36	二级	化学反应,F_2,减速形 αt 曲线	$(1-\alpha)^{-1}$	$(1-\alpha)^2$
37	反应级数	化学反应	$(1-\alpha)^{-1}-1$	$(1-\alpha)^2$
38	2/3 级	化学反应	$(1-\alpha)^{-\frac{1}{2}}$	$2(1-\alpha)^{\frac{3}{2}}$
39	指数法则	$E_1,n=1$,加速形 αt 曲线	$\ln \alpha$	α
40	指数法则	$n=2$	$\ln \alpha^2$	$\frac{1}{2}\alpha$
41	三级	化学反应,F_3,减速形 αt 曲线	$(1-\alpha)^{-2}$	$\frac{1}{2}(1-\alpha)^3$
42	S-B 方程	固相分解反应 $SB(m,n)$	—	$\alpha^m(1-\alpha)^n$
43	反应级数	化学反应,$RO(n)$, $R\left[\frac{1}{1-n}\right]$	$\frac{1-(1-\alpha)^{1-n}}{1-n}$	$(1-\alpha)^n$
44	J-M-A 方程	随机成核和随后生长, $A_n,JMA(n)$	$[-\ln(1-\alpha)]^{1/n}$	$n(1-\alpha)[-\ln(1-\alpha)]^{1-\frac{1}{n}}$
45	幂函数法则	P_1,加速型 αt 曲线	$\alpha^{1/n}$	$n(\alpha)^{(n-1)/n}$
46	P-T 方程	n 级反应的 a 级自催化反应,B_{na}	$\alpha^a-(1-\alpha)^n$	$a\alpha^{a-1}+n(1-\alpha)^{n-1}$
47	n 级自催化反应模型	自催化的 n 级反应	—	$(1-\alpha)^n(1+K_{cat}\alpha)$

二、活化能计算

本书基于热重实验确定了氧化过程分阶段特性,分别研究陕北侏罗纪煤在低温氧化过程失重阶段和吸氧增重阶段的动力学特性,采用基于多升温速率的 FWO 方法,计算两个阶段在不同转化率下的氧化反应表观活化能随转化率的变化规律。由于在单升温速率条件下转化率与温度是一一对应的,因而可以得到不同升温速率下氧化反应表观活化能随温度的变化规律。同时,采用 Kissinger 方法,计算热重过程中峰值点温度下的表观活化能值,对比 FWO 方法计算的分阶段平均表观活化能,用于验证 FWO 方法计算表观活化能的准确性。

1. 水分蒸发及气体脱附阶段

首先对 8 个实验煤样在 4 种升温速率下的实验数据进行整理,将水分蒸发及气体脱附失重阶段作为整体反应过程,从实验开始转化率为 0 直到该阶段结束转化率为 1,由于不同实验煤样失重阶段的温度范围不同,因此求得不同升温速率 TG 曲线中同一转化率下的温度也并不相同,通过 FWO 法计算实验煤样低温氧化过程失重阶段在不同转化率下的活化能值。

通过计算得到陕北侏罗纪煤的活化能随温度变化规律如图 3-16 所示。各实验煤样的 FWO 法平均活化能与 Kissinger 方法计算的峰值点的活化能值、指前因子和拟合度对比结果如表 3-3 所列。

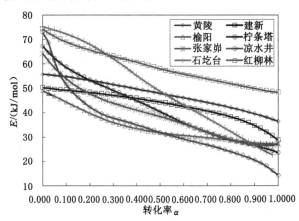

图 3-16　实验煤样在低温氧化过程失重阶段的活化能变化曲线

表 3-3　实验煤样 FWO 法与 Kissinger 法低温氧化过程失重阶段的活化能值

煤　样	FWO 法		Kissinger 法		
	平均活化能 /(kJ/mol)	平均拟合度	活化能 /(kJ/mol)	指前因子 lg A/s^{-1}	拟合度
黄　陵	47.55	0.982 0	51.32	22.22	0.996 5
建　新	43.05	0.972 0	42.90	12.73	0.997 8
榆　阳	34.08	0.968 0	37.20	13.29	0.987 0
柠条塔	41.57	0.977 4	40.54	11.89	0.989 6
张家峁	39.48	0.983 2	41.76	15.18	0.993 2

煤　样	FWO 法		Kissinger 法		
	平均活化能 /(kJ/mol)	平均拟合度	活化能 /(kJ/mol)	指前因子 lg A/s^{-1}	拟合度
凉水井	34.48	0.987 0	40.62	11.47	0.976 2
石圪台	50.16	0.966 9	54.82	14.53	0.983 9
红柳林	58.95	0.991 0	60.09	18.60	0.973 9

从图 3-16 可以发现,陕北侏罗纪煤样在低温氧化过程失重阶段的表观活化能随着转化率的升高而降低,但在不同转化率下降低的速率有所区别,在原始状态下陕北侏罗纪煤的反应表观活化能的大小主要在 50～80 kJ/mol,完成失重阶段后降低到 10～50 kJ/mol。不同侏罗纪实验煤样的降低程度不同,降低程度最大的为凉水井煤样,从初始的 73 kJ/mol 降低到 14 kJ/mol,且在整个失重阶段呈先快后慢的特点。

通过低温氧化过程热重曲线分析已经确定该阶段煤主要变化过程为水分的蒸发、气体的脱附以及煤氧吸附作用,在对比热解过程后发现,由于氧气的作用,实验煤样在氧化过程中比热解过程失重率低,因此该阶段的活化能变化主要是煤氧吸附增重、水分蒸发以脱附失重和煤氧反应失重等综合作用的结果。

由于在该阶段计算的活化能是基于水分蒸发及气体脱附阶段热重变化的表观活化能,因此,该活化能值主要从宏观上表征陕北侏罗纪煤样的水分蒸发及气体脱附、煤氧反应和煤氧吸附过程引起煤重变化的难易程度。陕北侏罗纪煤在该阶段的表观活化能随着温度的升高而降低,表明引起失重的水分蒸发及气体脱附和煤氧反应越来越容易,失重反应成为主导作用,表现为增重过程相关的煤氧反应程度相对较低。分析该阶段结束的干裂温度点可以发现,实验煤样中水分在此时蒸发量达到最大,达到干裂温度后煤结构中活性结构发生裂解出现有机气体,同时在该阶段陕北侏罗纪煤结构中部分活性基团参与氧化反应程度增加,反应消耗量高于产生量,导致了煤样失重率增加,宏观表现为煤样的失重容易而增重困难。

2. 吸氧增重阶段

同理,分别对 8 个实验煤样在 4 种升温速率下的实验数据进行整理,将低温氧化过程吸氧增重阶段作为一个总体的反应过程,从实验的干裂温度开始转化率为 0 直到该阶段结束的燃点温度转化率为 1,通过 FWO 法计算得到吸氧增重阶段陕北侏罗纪煤的增重反应表观活化能随转化率变化规律,如图 3-17 所示。

通过图 3-17 可以发现,在低温氧化过程的吸氧增重阶段,陕北侏罗纪煤氧化反应表观活化能变化规律与水分蒸发及气体脱附失重阶段区别较大,增重阶段表现出的氧化反应表观活化能随着转化率的升高呈增加趋势,从失重阶段结

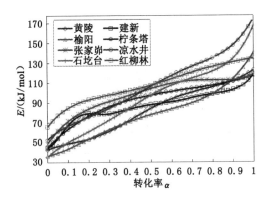

图 3-17　实验煤样在吸氧增重阶段的活化能变化曲线

束进入增重阶段初期活化能增加幅度较大,且在吸氧增重阶段前期增加较快,具有"跳跃性"的特点,从实验煤样热重曲线变化规律已经确认,吸氧增重主要是由于煤氧吸附以及复合作用产生次生活性基团,这个过程中同时伴随着活性基团发生氧化反应而消耗,但宏观表现的主导作用为煤氧吸附及复合,由于吸氧增重阶段的活化能大小总体上表征吸氧增重过程的难易程度,因此推断在吸氧增重阶段陕北侏罗纪煤分子结构中某些活性基团的氧化反应程度逐渐增加,且活性基团的反应消耗率高于吸附作用。各实验煤样 FWO 法平均活化能与 Kissinger 方法计算的峰值点的活化能值对比结果如表 3-4 所列。

表 3-4　实验煤样 FWO 法与 Kissinger 法吸氧增重阶段的活化能值对比

煤　样	FWO 法		Kissinger 法		
	平均活化能 /(kJ/mol)	拟合度	活化能 /(kJ/mol)	指前因子 lg A/s^{-1}	拟合度
黄　陵	81.51	0.967	86.34	32.343	0.982 3
建　新	86.29	0.990	90.18	27.464	0.991 1
榆　阳	78.36	0.984	80.85	30.836	0.992 7
柠条塔	92.08	0.979	95.30	32.309	0.988 9
张家峁	97.76	0.992	99.11	21.294	0.969 9
凉水井	106.92	0.977	109.94	26.938	0.981 9
石圪台	94.56	0.981	96.76	24.391	0.989 1
红柳林	107.75	0.972	112.63	36.319	0.992 8

　　通过计算得到了陕北侏罗纪煤吸氧增重阶段的表观活化能范围为 75～110 kJ/mol。陕北侏罗纪煤样在低温氧化过程失重阶段的表观活化能随着温度

的升高而降低,但在不同温度下升高的速率有所区别,在吸氧增重阶段的初始状态下陕北侏罗纪煤的反应表观活化能的大小主要在 $30\sim70$ kJ/mol,完成增重阶段后升高到 $110\sim170$ kJ/mol。不同侏罗纪实验煤样的增加程度不同,增加程度最大的为凉水井煤样,结合失重阶段分析,凉水井煤样在整个低温氧化过程中活化能变化较大。

三、动力学模式函数

通过以上对陕北侏罗纪煤低温氧化过程失重阶段和吸氧增重阶段动力学过程的分析,确定了陕北侏罗纪煤在两个阶段表观活化能随转化率的变化规律不同。为了进一步深入揭示陕北侏罗纪煤低温氧化过程两个阶段的动力学特性,结合微分和积分两种动力学方法的计算结果,确定两个阶段的动力学模式函数,揭示陕北侏罗纪煤氧化自燃的动力学模型。本书对反应机理函数的推断采用普适积分法和微分方程法,在对比分析的基础上,分别在常用固体反应机理函数(表 3-2)中计算动力学参数,并在不同升温速率条件下验证结果的一致性,以推断出两个阶段的动力学模式函数。

从 4 个升温速率条件下选取数据,采用普适积分法和微分方程法对实验煤样水分蒸发及气体脱附失重阶段和吸氧增重阶段分别进行了动力学计算。普适积分法对常用固体反应机理函数中 $\ln[G(\alpha)/T^2]$ 与 $1/T$ 进行线性拟合,得到拟合后的直线斜率及截距,然后计算活化能 E、指前因子 A,并且得到逻辑上合理的反应机理函数积分形式 $G(\alpha)$。通过微分方程法对 $\ln[(d\alpha/dT)/f(\alpha)]$ 与 $1/T$ 进行线性拟合,通过拟合后的直线斜率和截距计算活化能与指前因子,以及逻辑上合理的反应机理函数微分形式 $f(\alpha)$。附表中分别列出了本书所选常用固体反应机理函数中拟合度相对较好的函数,基于不同函数计算得到的活化能、指前因子以及相关性系数。

通过动力学分析,确定了相关性系数较好的动力学模式函数,同时两种计算方法求得的 E 和 A(或 $\ln A$)值较为相近,结合 FWO 法及 Kissinger 法确定的活化能范围,最终确定陕北侏罗纪煤样水分蒸发及气体脱附失重阶段和吸氧增重阶段的动力学模式函数以及不同升温速率条件下的平均动力学参数见表 3-5。

表 3-5　　实验煤样不同氧化阶段的动力学模式函数及动力学参数

煤　样	氧化过程阶段	机理函数编号	一般积分法			微分法		
			活化能/(kJ/mol)	指前因子 lg A/s⁻¹	相关性系数	活化能/(kJ/mol)	指前因子 lg A/s⁻¹	相关性系数
黄　陵	水分蒸发及气体脱附失重阶段	27	34.86	22.22	0.992	35.81	22.25	0.982
	吸氧增重阶段	19	100.78	29.33	0.974	102.67	30.75	0.989

煤样	氧化过程阶段	机理函数编号	一般积分法			微分法		
			活化能/(kJ/mol)	指前因子 lg A/s^{-1}	相关性系数	活化能/(kJ/mol)	指前因子 lg A/s^{-1}	相关性系数
建新	水分蒸发及气体脱附失重阶段	27	42.864	12.73	0.986	43.505	13.89	0.992
	吸氧增重阶段	16	87.23	26.355	0.987	86.60	26.329	0.984
榆阳	水分蒸发及气体脱附失重阶段	37	43.40	13.82	0.996	41.55	14.055	0.996 8
	吸氧增重阶段	6	84.86	28.151	0.999 6	85.40	28.14	0.999 6
柠条塔	水分蒸发及气体脱附失重阶段	17	43.76	13.11	0.988	41.42	13.17	0.998 6
	吸氧增重阶段	16	92.35	27.267	0.997	92.80	27.27	0.997 6
张家峁	水分蒸发及气体脱附失重阶段	27	41.76	15.18	0.993	42.19	15.53	0.984
	吸氧增重阶段	17	106.01	18.937	0.995	106.676	18.966	0.996
凉水井	水分蒸发及气体脱附失重阶段	30	36.38	8.70	0.989	35.65	8.57	0.993
	吸氧增重阶段	27	111.382	24.007	0.987 8	112.14	24.03	0.989 6
石圪台	水分蒸发及气体脱附失重阶段	37	52.576	15.854	0.999 8	52.695	15.87	0.996
	吸氧增重阶段	17	100.395	18.134	0.998 4	100.70	18.84	0.999 6
红柳林	水分蒸发及气体脱附失重阶段	9	85.926 1	19.80	0.996 9	83.797	19.50	0.997 5
	吸氧增重阶段	17	105.02	30.70	0.997	105.644	30.711	0.997 5

第五节　本章小结

本章基于 TG-FTIR 实验研究陕北侏罗纪煤氧化和热解过程,得到了热解和氧化反应过程中的气体产生规律,分析了氧化反应动力学参数,得到了以下结论:

(1) 陕北侏罗纪煤热解过程的热重曲线变化趋势相同,主要包括干燥脱气阶段、活泼热分解阶段和热缩聚阶段等三个阶段;整个氧化过程热重曲线趋势也相同,呈分阶段特性,从实验初始至燃点温度前,按照增失重台阶可将低温氧化过程分为水分蒸发及气体脱附失重和吸氧增重两个阶段,而热解过程中在此温度范围内表现为干燥脱气过程。

(2) 确定了 5 ℃/min 升温速率条件下陕北侏罗纪煤氧化自燃的临界温度在 65~75 ℃范围内,干裂温度在 120 ℃左右,活性温度在 150~175 ℃范围内,增速温度为 220~245 ℃范围内,燃点温度在 260~295 ℃范围内,随着升温速率的升高,特征温度点增高。

(3) 陕北侏罗纪煤低温氧化过程中产生的 CO_2、CO 和 H_2O 气体随着温度的升高呈增加趋势,不同阶段产生速率不同,CO_2、CO 气体的产生与氧化过程活性基团的反应性相关,在水分蒸发及气体脱附失重阶段氧化反应程度较低,CO_2、CO 气体的产生率较低,吸氧增重阶段氧化反应性增强,产生率迅速增加;而 H_2O 气体在水分蒸发及气体脱附失重阶段产生率较高,由于煤中外在水分的蒸发,吸氧增重阶段水分减少,氧化反应产生的 H_2O 气体开始增加,但是产生率相比失重阶段低。

（4）基于热重变化特性分析了陕北侏罗纪煤分阶段的氧化动力学特性,得到水分蒸发及气体脱附失重阶段表观活化能随着温度的升高而降低,由于水分的蒸发及活性基团反应消耗导致煤样失重率增加,宏观表现为煤样失重容易。吸氧增重阶段表观活化能随着温度的升高呈增加趋势,在该阶段前期增加较快,具有"跳跃性"的特点。煤氧吸附以及复合作用产生次生活性基团的反应在该阶段中占据主导作用,随着活性基团的氧化反应程度逐渐增加,吸氧增重越来越困难。

（5）采用普适积分法和微分方程法,计算了陕北侏罗纪煤水分蒸发及气体脱附失重阶段和吸氧增重阶段不同升温速率条件下的动力学参数,通过 Bagchi 法确定了与低温氧化过程两个阶段相符性较好的动力学模式函数,得到不同实验煤样的最概然动力学机理函数存在的异同。

第四章 陕北侏罗纪煤低温氧化过程热效应研究

煤的氧化自燃是一个复杂的物理化学过程,自燃的形成和发展主要是由煤的氧化放热作用引起。由于煤组成的复杂性,煤在氧化过程中包含不同热反应过程,宏观上表现为煤氧化反应的热效应,为了深入揭示陕北侏罗纪煤氧化自燃的机理及反应过程,需要对其宏观的氧化反应的热效应进行研究。本章应用热重与差热同步分析法,单独对陕北侏罗纪煤程序升温过程的热效应进行了分析。

第一节 实 验 方 法

DSC 实验与 TG 实验一样,同属于热分析方法中的一种,其实验装置中设计两个相对独立的反应池,两个反应池中分别装有需要测试的样品以及参比物,测试过程中在相同实验条件下对两个反应池进行程序升温,其中所选的参比物在实验测定的温度范围内不会发生任何热效应,因此程序升温过程中反应池的样品段与参比段记录下的温度差能够反映热效应差值,这个热效应差值就是样品程序升温过程中的热效应。实验过程中两个反应池的温度差通过热电偶完成,当样品发生放热或吸热变化时,热电偶会连续测定样品端与参比端之间的温差,同时会根据温差自动调整两个反应池的加热功率,保证样品端与参比段温度保持一致,并经校正转换为与温差成正比的热流差,得到样品在升温过程中实时变化的热流变化。

DSC 分析技术对于研究含能材料因受热而发生热焓变化过程,是非常快捷、简单的。因此,DSC 实验中得到的曲线表征了不同温度时样品的热效应速率,曲线对应的积分面积可认为热反应过程中的吸热量或是放热量。

第二节 热效应曲线特征

为了深入揭示陕北侏罗纪煤氧化过程,本章与热红联用实验条件相对应,以升温速率为 5 ℃/min 的氧化过程为研究对象,并以热解过程为对比,对 8 个陕北侏罗纪实验煤样的差热分析实验结果进行分析,得到陕北侏罗纪实验煤样在氧化和热解实验的 DSC 曲线。根据作者前期的研究中已经发现,陕北侏罗纪煤在不同粒度、样品量及升温速率条件下的 DSC 曲线趋势基本相同,但由于煤的导热性能较差,传热较慢,因此在增加样品粒度、样品量及升温速率实验条件时,实验过程的 DSC 曲线会整体向高温方向偏移,产生的热效应会发生"滞后"现象。因此,DSC 实验应在较低的粒度、样品量和升温速率条件小完成,能够保证实验煤样在较低的温度下完全氧化。因此,本章以黄陵煤样的曲线图为例进行曲线分析,如图 4-1 所示。

在图 4-1 中,由于部分实验煤样氧化与热解的 DSC 实验基线不在水平状态,因此采用基线校正放热初始温度。通过对比热解和氧化过程的 DSC 曲线可以发现,在 700 ℃温度范围内陕北侏罗纪煤氧化放热量明显高于热解的放热量,热解和氧化实验前期均存在一个吸热阶段。这是由于煤样中水分在蒸发过程中吸热较多,且比氧化和热解反应放热高。但由于氧化反应放热的急剧增加,DSC 曲线总体表现为吸热速率先快后慢的趋势。随着温度的升高氧化放热增加到一定程度,开始超过水分蒸发吸热量,煤样热反应过程中宏观上由吸热转为放热,吸热与放热的临界温度在这里称其为 DSC 实验曲线上的表观热平衡温度,不同实验煤样氧化过程的表观热平衡温度有所区别。由于在实验温度范围内同一温度下氧化反应放热比热解多,因此宏观表现为氧化过程表观热平衡温度较低。图 4-1 中采用零点线交叉方法确定的放热初始温度即热平衡温度,陕北侏罗纪实验煤样在本次实验条件下的表观热平衡温度如表 4-1 所列。

表 4-1　　　　　实验煤样 DSC 曲线的表观热平衡温度

煤　样	黄　陵	建　新	榆　阳	柠条塔	张家峁	凉水井	石圪台	红柳林
表观热平衡温度/℃	146.94	125	129.65	143.94	131.94	143.95	143.01	121.26

从表 4-1 可以看出,陕北侏罗纪煤 DSC 曲线上的表观热平衡温度在 120～150 ℃范围内,与热重实验得到的氧化自燃干裂温度范围相近,但总体上要稍高于干裂温度。各实验煤样的表观热平衡温度及氧化自燃干裂温度对比如图 4-2 所示。

通过图 4-2 可以得到,陕北侏罗纪煤低温氧化过程水分蒸发及气体脱附失重阶段的热效应均表现为吸热,在吸氧增重阶段前期仍有少量吸热,但在实验煤样的低温氧化过程中,一直伴随着放热效应,主要是由于煤结构对氧的吸附以及活性基团发生氧化反应释放热量。在水分蒸发及气体脱附失重阶段,水分蒸发吸热能力总体上高于活性基团的氧化放热,随着氧化程度的增加,实验煤样的热效应总体上从吸热转变为放热。因此,DSC 曲线上的表观热平衡温度大小和热效应变化,也与陕北侏罗纪煤分子结构中活性基团的反应性有关。

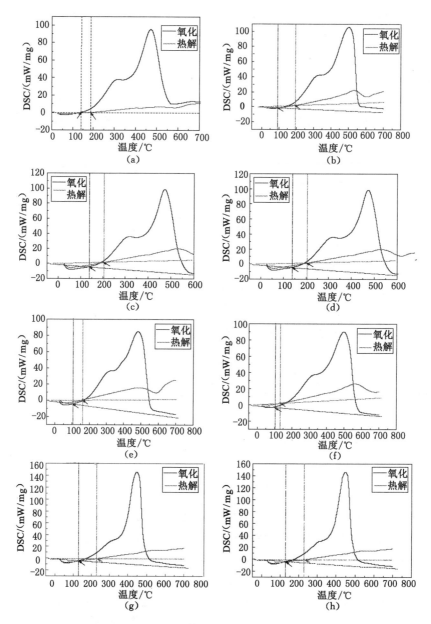

图 4-1　实验煤样热解与氧化过程的 DSC 曲线

（a）黄陵煤样；（b）建新煤样；（c）榆阳煤样；（d）柠条塔煤样；

（e）张家峁煤样；（f）凉水井煤样；（g）石圪台煤样；（h）红柳林煤样

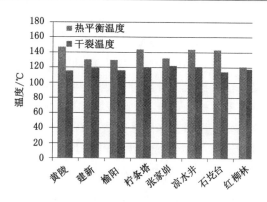

图 4-2　实验煤样的表观热平衡温度与干裂温度对比

第三节　分阶段的低温氧化过程热效应

由于实验过程中 DSC 曲线表征了陕北侏罗纪煤样的氧化与热解过程的热效应速率，因此，对氧化过程 DSC 曲线进行积分，积分面积可以表征热反应过程中的热效应，即吸热量或放热量。通过氧化过程的 DSC 曲线分析，已经确定了陕北侏罗纪煤低温氧化过程前期主要表现为吸热效应，但在整个氧化燃烧过程中总体表现为放热效应。为了保证陕北侏罗纪煤低温氧化过程中的热效应分析的准确性，本书分别对整个实验过程（30～700 ℃）中吸热和放热两个宏观阶段进行分段积分，并分别求得两个过程中的总吸热量与氧化燃烧总放热量，然后分别计算低温氧化过程失重阶段和增重阶段的热效应及热效应速率。通过计算，得到的实验煤样低温阶段吸热量与整个过程的氧化燃烧放热量数据如表 4-2 所列。

表 4-2　　　　　　　　实验煤样低温吸热量与氧化燃烧放热量

煤　样	低温吸热量/(J/g)	氧化燃烧放热量/(J/g)
黄　陵	−184.7	16 526
建　新	−200.3	22 219
榆　阳	−319.5	21 782
柠条塔	−183.7	24 611
张家峁	−271.8	22 749
凉水井	−230.2	23 478
石圪台	−446.5	21 179
红柳林	−268.1	20 072

通过表 4-2 可以发现氧化实验过程中，陕北侏罗纪煤低温阶段的吸热量远小于整体氧化燃烧的放热量，不同实验煤样低温阶段的吸热量范围为 $180\sim450$ J/g，放热量范围为 $(16.5\sim25)\times10^3$ J/g。在计算的总吸热量与放热量基础上，对陕北侏罗纪煤低温氧化过程两个阶段分别进行热效应计算，水分蒸发及气体脱附失重阶段吸热量随温度的变化规律，吸氧增重阶段的前期吸热变化规律以及吸氧增重阶段的放热变化规律。本书采用对 DSC 曲线积分求转化率的方法，结合总吸热量与放热量结果，根据比例计算两个阶段的热效应变化。

一、水分蒸发及气体脱附失重阶段分析

由于陕北侏罗纪实验煤样低温氧化过程水分蒸发及气体脱附失重阶段的热效应表现为吸热，因此，直接对实验煤样该阶段的吸热效应进行计算，将吸热效应与吸热效应速率进行作图分析，如图 4-3 所示。图中热效应表示该阶段吸热量的变化，热效应速率的负值表示吸热。

通过图 4-3 可以发现，陕北侏罗纪煤在低温氧化过程水分蒸发及气体脱附失重阶段随着温度的升高吸热量增加，且在此阶段结束吸热过程仍将继续，而吸热速率随着温度的升高呈先增大后减小的趋势，从曲线可以得到陕北侏罗纪煤水分蒸发及气体脱附失重阶段吸热速率达到最大值的温度范围为 $60\sim80$ ℃。在低温氧化过程失重阶段总体上主要存在水分的蒸发吸热、煤氧吸附放热及煤氧反应放热过程，从吸热速率曲线变化趋势可以分析得出在该阶段水分蒸发吸热过程一直作为主导作用，在 $60\sim80$ ℃之前水分蒸发吸热量虽然较小，但煤氧复合作用较弱，因此水分蒸发吸热的主导作用越来越明显。实验温度超过 $60\sim80$ ℃之后，煤氧复合作用逐渐增强，同时随着温度的升高水的蒸发开始增加，吸热量增加，但总体上表现出吸热速率开始降低，表明煤氧复合作用放热量增加，影响了水分蒸发及气体脱附失重阶段吸热速率的变化，与热重过程的临界温度相一致。

二、吸氧增重阶段分析

根据陕北侏罗纪实验煤样氧化过程热效应的分析，实验煤样在吸氧增重阶段前期存在吸热过程，后期开始放热，为了更为直观地表示陕北侏罗纪煤在吸氧增重阶段的热效应，将吸氧增重阶段前期的吸热量转化为达到表观热平衡温度所需的热量，吸氧量用负值表示，放热量为正值，得到的陕北侏罗纪煤氧化过程吸氧增重阶段热效应及热效应速率如图 4-4 所示。图中热效应表示放热量的变化，热效应速率表示放热效应速率。

通过图 4-4 可以发现，陕北侏罗纪煤在氧化过程吸氧增重阶段前期吸热量很小，随着温度的升高，在 150 ℃前完成吸热过程，表明前期水分蒸发为主导的吸热过程已经完成，150 ℃后实验煤样的放热量和放热速率基本呈指数规律增长，在 $150\sim200$ ℃范围内，放热速率急剧增大。在低温氧化过程的吸氧增重阶

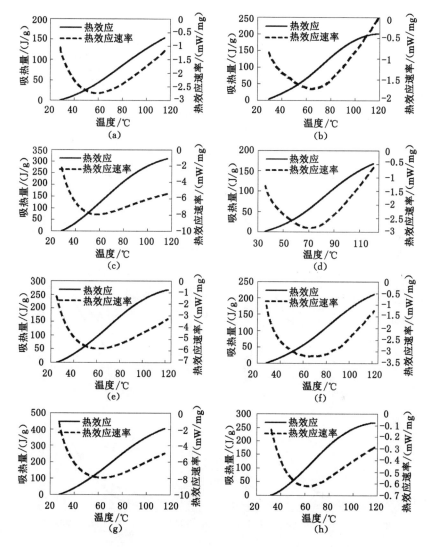

图 4-3 实验煤样低温氧化过程失重阶段的热效应及速率曲线

（a）黄陵煤样；（b）建新煤样；（c）榆阳煤样；（d）柠条塔煤样；

（e）张家峁煤样；（f）凉水井煤样；（g）石圪台煤样；（h）红柳林煤样

段,煤氧吸附放热及煤氧反应放热开始成为主导作用,随着温度的升高,实验煤样达到了氧化自燃的活性温度,煤结构中活性基团的数量增多,并开始大量参与反应,表现为煤氧复合作用急剧增强。对比分析热解过程中的放热量,也证实了该阶段的放热量与放热速率变化规律主要与陕北侏罗纪煤结构中活性基团的氧化反应性有关。

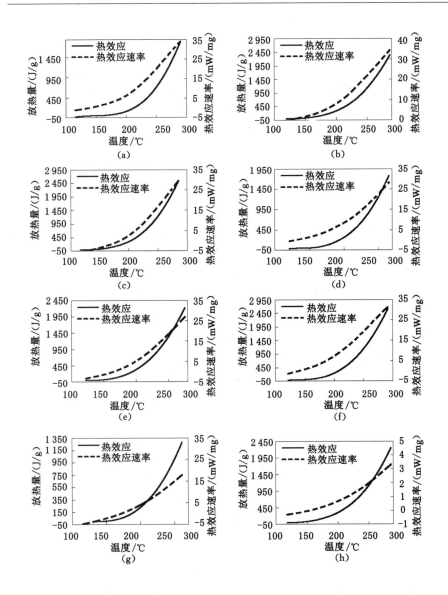

图 4-4　实验煤样氧化过程吸氧增重阶段的热效应及速率曲线

（a）黄陵煤样；（b）建新煤样；（c）榆阳煤样；（d）柠条塔煤样；

（e）张家峁煤样；（f）凉水井煤样；（g）石圪台煤样；（h）红柳林煤样

第四节　本 章 小 结

本章采用差示扫描量热实验对陕北侏罗纪煤热解和氧化过程的热效应特性

进行了研究,通过对比分析,确定了低温氧化过程两个阶段陕北侏罗纪煤的热效应及热效应速率变化规律,得到以下主要结论:

(1)陕北侏罗纪煤在热解和氧化实验前期由于水分蒸发的影响,均存在一个吸热过程,在热解与氧化反应放热作用下,实验煤样的吸热速率均呈先快后慢的趋势,由于在实验温度范围内同一温度下氧化反应放热比热解多,因此宏观表现为氧化过程表观热平衡温度较低。

(2)陕北侏罗纪实验煤样在整个氧化过程的吸热量范围为 180~450 J/g,放热量范围为(16.5~25)×10^3 J/g。在低温氧化过程水分蒸发及气体脱附失重阶段,陕北侏罗纪煤均表现为吸热效应,在该阶段随着温度的升高,水分蒸发吸热逐渐增加,同时煤氧复合作用逐渐增强,吸热速率表现为随着温度的升高呈先增大后减小的趋势,吸热速率达到最大值的温度范围为 60~80 ℃,与热重曲线确定的临界温度一致。

(3)陕北侏罗纪煤在低温氧化过程吸氧增重阶段前期吸热量很小,随着温度的升高,在 150 ℃前水分蒸发为主导的吸热过程基本完成,后期由于氧化程度开始增强,实验煤样的放热量和放热速率基本呈指数规律增长。在吸氧增重阶段,煤氧吸附放热及煤氧反应放热开始成为主导作用,实验煤样同时达到了氧化自燃的活性温度,陕北侏罗纪煤结构中活性基团发生的氧化反应急剧增强。

第五章 陕北侏罗纪煤氧化反应性研究

通过本书第三章对陕北侏罗纪煤低温氧化过程水分蒸发及气体脱附失重和吸氧增重阶段的动力学分析可知,作为表征煤氧复合作用进程难易程度的表观活化能值随着温度的变化呈现一定的规律性变化,但在不同反应阶段的规律性不同。由于煤氧化反应的动力学过程与其反应性相关,氧化反应过程中煤结构的变化规律研究是揭示其反应性的重要方法之一。因此,本书采用原位漫反射红外光谱方法,测试了 8 个陕北侏罗纪实验煤样分子结构中主要官能团在氧化与热解过程中随温度的变化规律,并通过对比分析,确定了低温氧化过程两个阶段中陕北侏罗纪煤的主要活性基团及其变化规律,为后期氧化反应过程关键反应活性基团的确定奠定了基础。

第一节 原位红外光谱实验方法

一、实验原理

原位漫反射傅里叶变换红外光谱(DRIFTS)是在近些年来发展起来的原位测试技术,主要通过测试物质表面在不同实验条件下微观结构的实时变化,从实时的变化规律分析物质反应机理,已经开始得到了广泛应用。该技术主要是结合了漫反射、傅里叶红外光谱与原位技术,对物质粒度的要求较低,避免了 KBr 压片法的重复工作以及气氛的改变,但由于煤为灰黑色,在漫反射过程中容易吸收光和发生散射,使用过程中为了避免这种影响,尝试采用了煤粉与 KBr 混合的方法进行测试,测试效果较好。实验过程中只需对煤样不同基团的红外光谱特征峰高进行解析,可以得出氧化过程中不同官能团的实时变化规律。

二、实验装置

采用陕煤化技术研究院化工所的德国布鲁克 VENTEX80 原位漫反射傅里叶红外光谱分析仪完成实验测试。该装置在程序温度控制过程中可检测样品的红外光谱变化。原位漫反射红外光谱的实验系统由傅里叶红外光谱分析仪(FTIR,见本书第二章中的图 2-20)、漫反射附件、原位反应池(图 5-1)、真空系统、气源、净化与压力装置,加热与温度控制装置等部分组成。

图 5-1　原位反应池

实验过程为:将煤样与 KBr 粉末进行充分混合,混合比例为 1∶1,混合后的样品放到原位反应池中,反应池设有外接程序升温装置,且有进、出气口,可以进行不同气氛下不同升温速率的实验,同时原位反应池外接有进、出水口,用以对原位反应池的冷却降温。通过控制升温条件,对煤在氧化与热解条件下的红外光谱图进行测试,得到不同基团在反应过程中的实时变化。

三、实验条件

本书采用原位漫反射傅里叶红外光谱分析仪,实时测试在氮气和空气两种气氛下陕北侏罗纪煤表面分子结构中主要官能团在升温过程中的变化规律。实验装置设定红外光谱扫描次数为 32 次,分辨率为 4 cm^{-1},波数扫描范围为 400～4 000 cm^{-1},同时为了保持与热红联用实验基本一致的实验条件,达到分析相同升温条件下动力学与反应性,通过设置外接程序升温设备调节原位反应池的升温速率为 5 ℃/min;结合第三章中热分析实验确定的实验煤样低温氧化过程水分蒸发及气体脱附失重和吸氧增重阶段的温度范围,确定红外光谱实验的升温范围为 30～350 ℃,采集时间设为 80 min;同时,为了确定陕北侏罗纪煤分子结构中氧化的主要活性基团,以热解过程中的主要官能团变化作为对比。设计实验条件如下:

(1)热解(N_2气氛)实验条件:将 8 个陕北侏罗纪实验煤样在空气中破碎至 0.075～0.109 mm 后,在流量为 100 mL/min 的 N_2 气氛下进行 5 ℃/min 升温速率的原位红外光谱实验测试。

(2)氧化(空气气氛)实验条件:将 8 个陕北侏罗纪实验煤样在空气中破碎至 0.075～0.109 mm 后,在流量为 100 mL/min 的空气气氛下进行 5 ℃/min 升温速率的原位红外光谱实验测试。

第二节　主要变化官能团分析

通过对原始状态下实验煤样的红外光谱测试,已经确定了陕北侏罗纪分子结构中存在芳香烃、脂肪烃、含氧官能团等主要结构,其中含氧官能团包括羟基、羧基、羰基、烷基醚等。因此,在本章的原位红外光谱实验中,对在两种气氛条件下测到的陕北侏罗纪煤样随温度变化的红外谱图进行曲线平滑、基线修正后,在时间(即温度)轴上合成三维图像,分别对空气和氮气两种气氛下的三维红外光谱图进行分析,结合原始状态下确定的主要存在的官能团位置,对比确定实验煤样氧化过程中变化较大的官能团,即确定为活性基团。

在程序升温的热反应过程中煤分子结构中不同官能团表现出的反应活性不同,在 N_2 气氛下即热解过程中煤分子结构中的官能团发生变化,是由于在升温过程中自身结构发生的热分解反应,官能团在热解过程中的变化规律在一定程度上表征了其热分解反应能力的大小。但在氧化过程中,由于氧气的参与,不同官能团的反应性发生了变化,表现出与热解过程中可能不同的变化规律。因此,本章以热解过程中官能团的变化作为对比,可以确定在氧气参与的情况下陕北侏罗纪煤分子结构中参与氧化反应的活性基团及其变化规律。

通过实验测试,确定了陕北侏罗纪煤氧化与热解过程中分子结构的三维红外光谱图分别如图 5-2～图 5-9 所示,图中(a)和(b)分别为不同实验煤样在氧化过程和热解过程中的三维原位红外光谱,其中 Y 坐标轴为谱峰的振动强度,X 轴为红外光谱波数,Z 坐标轴为温度点。

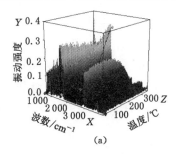
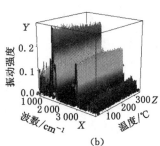

图 5-2　黄陵煤样原位红外谱图

(a)氧化过程;(b)热解过程

通过图 5-2～图 5-9 可以发现,陕北侏罗纪煤在 30～350 ℃ 范围内热解过程中煤分子结构中变化较为明显的官能团为峰位置在 3 660～3 632 cm^{-1} 的游离羟基、2 935～2 918 cm^{-1} 的甲基和亚甲基以及 3 060～3 032 cm^{-1} 位置的芳烃—CH键等,且主要在水分蒸发及气体脱附失重阶段变化较大,吸氧增重阶段变

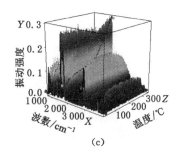
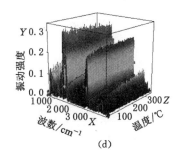

图 5-3　建新煤样原位红外谱图

（a）氧化过程；（b）热解过程

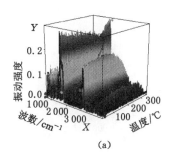
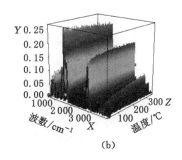

图 5-4　榆阳煤样原位红外谱图

（a）氧化过程；（b）热解过程

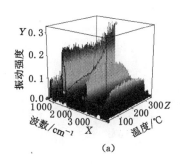
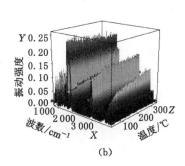

图 5-5　柠条塔煤样原位红外谱图

（a）氧化过程；（b）热解过程

化较小，其他结构在部分实验煤样中表现出一定的变化。

　　而与热解过程相比，陕北侏罗纪煤氧化过程中的红外光谱图总体变化较大，主要表现为峰位置在 3 550～3 200 cm^{-1} 和 3 660～3 632 cm^{-1} 的羟基、2 935～2 918 cm^{-1} 和 1 449～1 439 cm^{-1} 的甲基和亚甲基、1 604～1 599 cm^{-1} 位置的芳香环 C＝C 双键、3 060～3 032 cm^{-1} 位置的芳烃—CH 键、1 790～1 690 cm^{-1} 的

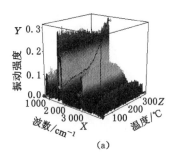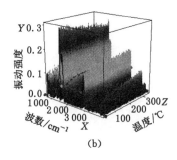

(a)　　　　　　　　　　　　(b)

图 5-6　张家峁煤样原位红外谱图

（a）氧化过程；（b）热解过程

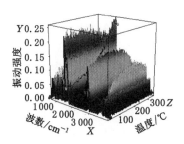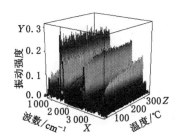

图 5-7　凉水井煤样原位红外谱图

（a）氧化过程；（b）热解过程

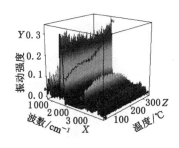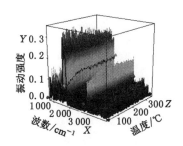

图 5-8　石圪台煤样原位红外谱图

（a）氧化过程；（b）热解过程

羰基和羧基以及 1 330～1 060 cm^{-1} 的醚键等基团的变化。为了进一步确定不同官能团的变化规律,确定陕北侏罗纪煤氧化过程中的主要活性基团,对实验煤样红外光谱图中不同峰位置的实时变化数据进行提取,按照热重实验确定的氧化过程两个阶段,分别确定主要官能团的变化特征及其反应性。

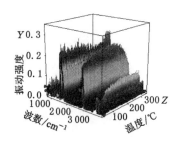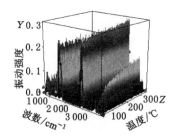

图 5-9　红柳林煤样原位红外谱图

(a) 氧化过程；(b) 热解过程

第三节　分阶段的活性基团变化规律

一、水分蒸发及气体脱附失重阶段的活性基团变化特征

1. 芳香烃结构变化特征

从图 5-2～图 5-9 可以发现,陕北侏罗纪煤在氧化和热解过程中的芳香烃结构变化主要体现在 3 060～3 032 cm^{-1} 位置的芳烃—CH 键以及 1 604～1 599 cm^{-1} 位置的芳香环 C═C 双键,对红外光谱图中两个结构在水分蒸发及气体脱附失重阶段的变化特征分别进行分析。

(1) 芳烃—CH 结构变化特征

分别对 8 个陕北侏罗纪实验煤样在氧化过程水分蒸发及气体脱附失重阶段的温度范围内红外光谱图 3 060～3 032 cm^{-1} 位置的芳烃—CH 结构变化特征进行分析,得到不同实验煤样的热解和氧化过程芳烃—CH 结构变化特征曲线,如图 5-10 所示。

通过图 5-10 可以发现,8 个陕北侏罗纪煤样中原始状态下 3 060～3 032 cm^{-1} 位置的芳烃—CH 结构数量有所区别,但在不同实验煤样氧化过程失重阶段的温度范围内,氧化和热解过程中陕北侏罗纪煤结构中芳烃—CH 结构振动强度均随着温度的升高呈增强趋势,但增加程度有所区别,强度变化量在 0.01～0.02 范围内。这表明陕北侏罗纪煤在氧化和热解反应过程的低温阶段开始有次生的—CH 结构出现,且反应过程中的产生量大于反应的消耗量,在红外光谱图中表现为 3 060～3 032 cm^{-1} 位置的吸收峰强度增加。

另外,在 8 个陕北侏罗纪实验煤样中,除了榆阳和凉水井煤样氧化过程分子结构中芳烃—CH 结构的增加量比热解过程略小外,其他实验煤样表现出增加量略高,但总体上不同实验煤样的芳烃—CH 结构变化程度基本一致。这也表明陕北侏罗纪煤表面分子结构中芳烃—CH 结构的变化受热解过程影响,而氧

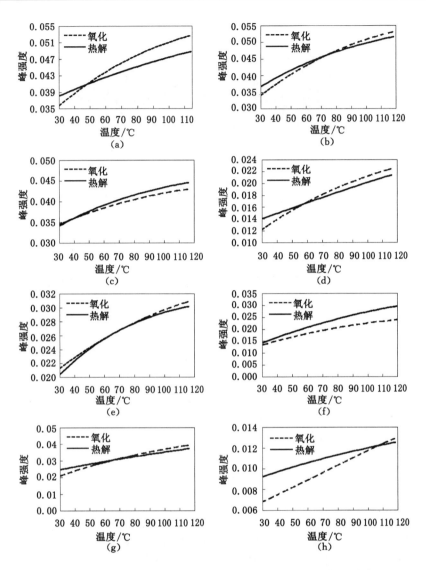

图 5-10　实验煤样低温氧化过程失重阶段芳香烃—CH 结构变化特征

（a）黄陵煤样；（b）建新煤样；（c）榆阳煤样；（d）柠条塔煤样；

（e）张家峁煤样；（f）凉水井煤样；（g）石圪台煤样；（h）红柳林煤样

化过程中变化趋势与热解变化量一致的情况下，说明氧化与热解过程对—CH 结构变化的影响一致。

（2）芳香环 C＝C 双键变化特征

分别对 8 个陕北侏罗纪实验煤样在低温氧化过程失重阶段的温度范围内红外光谱图中 1 604～1 599 cm^{-1} 位置的芳香环 C＝C 双键结构变化特征进行分

析,得到不同实验煤样的热解和氧化过程芳香环 C =C 双键结构变化特征曲线,
如图 5-11 所示。

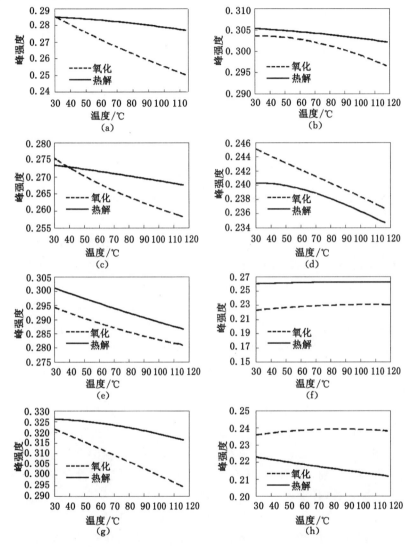

图 5-11　实验煤样低温氧化过程失重阶段芳香烃 C =C 结构变化特征
(a) 黄陵煤样;(b) 建新煤样;(c) 榆阳煤样;(d) 柠条塔煤样;
(e) 张家峁煤样;(f) 凉水井煤样;(g) 石圪台煤样;(h) 红柳林煤样

通过图 5-11 中吸收峰波数位置在 1 604～1 599 cm^{-1} 的芳香环 C =C 结构
变化曲线可以发现,陕北侏罗纪煤分子结构中芳香环 C =C 结构振动强度在氧
化和热解过程中总体上呈减小趋势,其中凉水井煤样和红柳林煤样在氧化过程

中表现出的趋势不明显,其他实验煤样在氧化过程中变化量在 0.01～0.04 范围内,表明陕北侏罗纪煤分子结构中部分活性较强的芳香环 C ═ C 双键结构在氧化和热解反应过程中发生了反应。由于总体上芳香环 C ═ C 双键结构在氧化与热解过程中的变化程度不同,氧化过程消耗量明显高于热解过程,表明陕北侏罗纪煤氧化过程中芳香烃 C ═ C 结构的反应性受煤氧反应影响,容易发生反应或者分解消耗。

在实验煤样氧化过程水分蒸发及气体脱附失重阶段的温度范围内,通过对陕北侏罗纪煤表面分子结构中芳香烃—CH 结构与芳香环 C ═ C 结构在氧化和热解过程中的变化特征分析,确定芳香烃—CH 结构振动强度在该阶段随着温度的升高而增加,而芳香环 C ═ C 结构受氧化反应影响消耗量较大。

2. 脂肪烃结构变化特征

陕北侏罗纪煤分子结构中的脂肪烃结构(甲基—CH_3 和亚甲基—CH_2 等)在红外光谱图中主要通过 2 975～2 915 cm^{-1}、2 875～2 858 cm^{-1} 和 1 449～1 439 cm^{-1} 三个谱峰表征,这三个位置表征为甲基和亚甲基的不同振动形式,2 975～2 915 cm^{-1} 和 2 875～2 858 cm^{-1} 位置表征—CH_3 和—CH_2 结构的 C—H 伸缩振动、1 449～1 439 cm^{-1} 位置表征—CH_2 和—CH_3 结构的 C—H 变形振动和剪切振动,其中 2 975～2 915 cm^{-1} 和 2 875～2 858 cm^{-1} 两个位置的谱峰在反应过程中呈现连续的双峰形式,变化规律一致。因此,本书选择了其中振动强度相对较大的 2 975～2 915 cm^{-1} 谱峰变化规律进行分析。

在 8 个陕北侏罗纪实验煤样在水分蒸发及气体脱附失重阶段温度范围内,对氧化和热解过程中红外谱图 2 975～2 915 cm^{-1} 位置甲基和亚甲基 C—H 伸缩振动的谱峰变化特征进行分析,得到不同实验煤样的热解和氧化过程脂肪烃—CH_3 和—CH_2 结构变化特征曲线,如图 5-12 所示。

通过图 5-12 可以看出,陕北侏罗纪煤氧化和热解过程中甲基和亚甲基均随着温度的升高而增加,表明陕北侏罗纪煤在热反应的低温阶段存在产生甲基和亚甲基的反应过程,且宏观上表现出产生量大于消耗量。同时,在 8 个陕北侏罗纪实验煤样中,除了黄陵煤样和柠条塔煤样外,其他煤样甲基和亚甲基结构振动强度在热解和氧化过程的增强趋势基本一致,表明甲基和亚甲基结构在热解作用会发生一定的生成反应;对于黄陵煤样和柠条塔煤样,氧化过程促使了甲基和亚甲基结构振动强度的增强,煤样复合作用对此反应影响较大,其他实验煤样氧化过程对甲基和亚甲基振动强度的增强影响与热解过程一致。

3. 含氧官能团变化特征

根据煤自燃的煤氧复合学说,煤自燃与氧的相互作用密不可分,因此煤氧化过程中含氧官能团的变化在一定程度上可以体现煤氧反应过程。根据前期研究结果,在陕北侏罗纪煤分子结构中含氧官能团在红外光谱图中主要包括 3 684～

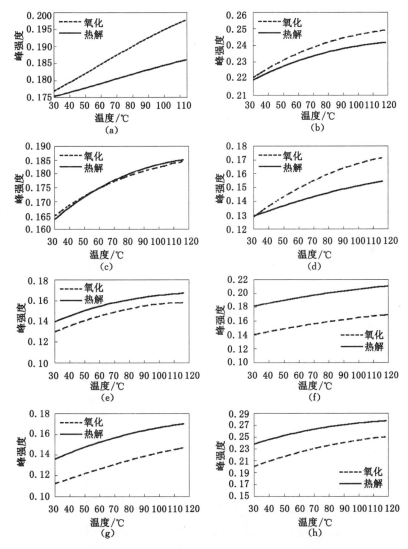

图 5-12　实验煤样低温氧化过程失重阶段甲基和亚甲基结构变化特征

（a）黄陵煤样；（b）建新煤样；（c）榆阳煤样；（d）柠条塔煤样；

（e）张家峁煤样；（f）凉水井煤样；（g）石圪台煤样；（h）红柳林煤样

$3\,625\ \mathrm{cm}^{-1}$ 位置的游离羟基、$3\,550\sim3\,200\ \mathrm{cm}^{-1}$ 位置的酚和醇缔合—OH 键、$1\,715\sim1\,690\ \mathrm{cm}^{-1}$ 位置的羧基、$1\,736\sim1\,722\ \mathrm{cm}^{-1}$ 位置的羰基及 $1\,330\sim1\,060$ cm^{-1} 位置的醚键结构等。

（1）游离羟基变化特征

分别对 8 个陕北侏罗纪实验煤样在低温氧化过程水分蒸发及气体脱附失重阶段的温度范围内红外光谱图中 $3\,684\sim3\,625\ \mathrm{cm}^{-1}$ 位置的游离羟基结构变化特征进行分析,变化特征曲线如图 5-13 所示。

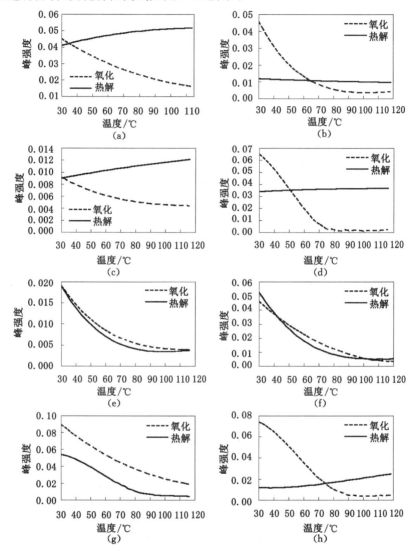

图 5-13　实验煤样低温氧化过程失重阶段游离羟基变化特征

（a）黄陵煤样；（b）建新煤样；（c）榆阳煤样；（d）柠条塔煤样；

（e）张家峁煤样；（f）凉水井煤样；（g）石圪台煤样；（h）红柳林煤样

通过图 5-13 可以发现,陕北侏罗纪煤氧化过程中煤样表面分子结构中游离羟基结构振动强度随着温度的升高总体上呈减小趋势,但后期趋于稳定。而热解过程中不同实验煤样分子结构中游离羟基的变化规律不同,除了张家峁、凉水井及石圪台煤样随着温度的升高而减少外,其他实验煤样中游离羟基在热解过程中变化不大,说明热解作用对这三个煤样热反应过程羟基变化有一定的影响,但对其他煤样游离羟基变化的影响不够明显。

同时,对比分析热解与氧化过程中陕北侏罗纪煤游离羟基的变化特征,热解过程规律性不明显,但氧化过程中游离羟基振动强度随温度升高而降低,表明在低温氧化过程失重阶段陕北侏罗纪煤分子结构中游离羟基参与了氧化反应,热解作用影响相对较小,氧化反应过程中消耗量明显大于产生量,且随着温度的升高羟基的消耗量逐渐减少,后期陕北侏罗纪煤分子结构中羟基含量总体上均较低。

（2）缔合—OH 键变化特征

在 8 个陕北侏罗纪实验煤样在氧化过程水分蒸发及气体脱附失重阶段的温度范围内,分别对红外光谱图中 3 550～3 200 cm^{-1} 位置的酚、醇、水等缔合—OH 键结构变化特征进行分析,如图 5-14 所示。

通过图 5-14 可以发现,8 个实验煤样表面分子结构中酚、醇及水缔合—OH 键结构振动强度在氧化和热解过程中随着温度的升高总体上呈增强趋势,其中石圪台煤样在热解过程中变化较为平缓,表明酚、醇及水缔合—OH 键结构在热解作用下可以发生反应。黄陵、建新和石圪台煤样氧化过程中缔合—OH 键结构的增加量明显高于热解过程,其他实验煤样氧化与热解过程变化程度基本一致,表明缔合—OH 键结构在热解和氧化过程均能发生反应,但反应量与生成量不同。

（3）—COOH 键变化特征

分别对 8 个陕北侏罗纪实验煤样在氧化过程水分蒸发及气体脱附阶段的温度范围内红外光谱图中—COOH 键结构变化特征进行分析,如图 5-15 所示。

通过图 5-15 可以发现,8 个实验煤样表面分子结构中—COOH 键结构的红外光谱图吸收峰强度高于—OH 键结构,且实验煤样的—COOH 键结构振动强度在氧化和热解过程中均随着温度的升高而降低,表明陕北侏罗纪煤—COOH 键结构具有一定的活性,在热解作用下能够发生反应。在实验煤样中黄陵、建新、凉水井、石圪台及红柳林煤样在氧化过程中—COOH 键结构消耗量明显比热解过程大,其他实验煤样减少的趋势基本一致,也表明—COOH 键结构参与了煤氧反应,只是对整个氧化过程不同阶段的作用程度不同。

（4）—C＝O 键变化特征

在陕北侏罗纪实验煤样氧化过程水分蒸发及气体脱附失重阶段的温度范围内,分别对实验煤样红外光谱图中羰基—C＝O 键结构伸缩振动吸收峰的变化特征曲线进行作图,如图 5-16 所示。

图 5-16 中,实验煤样中羰基—C＝O 键结构振动强度在氧化和热解过程中均随着温度的升高而减小,且氧化过程中的消耗量较大,表明在热解与氧化过程

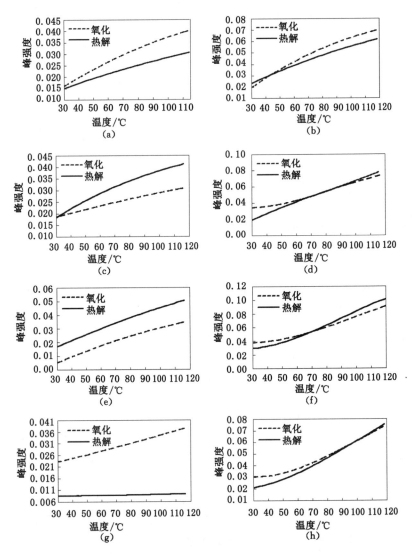

图 5-14　实验煤样低温氧化过程失重阶段缔合—OH 键变化特征

(a) 黄陵煤样;(b) 建新煤样;(c) 榆阳煤样;(d) 柠条塔煤样;

(e) 张家峁煤样;(f) 凉水井煤样;(g) 石圪台煤样;(h) 红柳林煤样

中—C=O 键结构的产生量总体上低于反应消耗量。同时,由于—C=O 键结构属于陕北侏罗纪煤的原生基团,热解作用能够引起—C=O 键结构一定程度的反应消耗,而氧化过程中由于氧气的参与,陕北侏罗纪煤中—C=O 键结构消耗量增加,推测—C=O 键结构是对水分蒸发与气体脱附失重阶段较大贡献的活性基团之一。

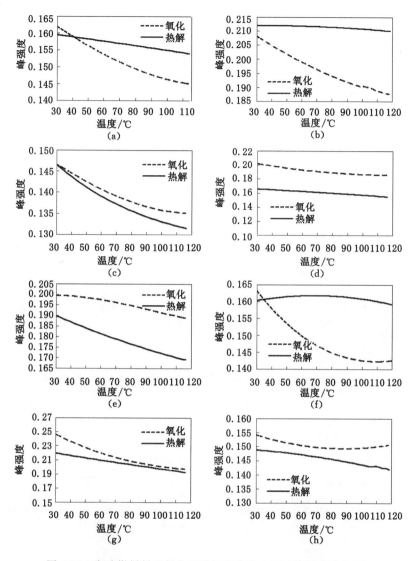

图 5-15　实验煤样低温氧化过程失重阶段—COOH 键变化特征
(a) 黄陵煤样；(b) 建新煤样；(c) 榆阳煤样；(d) 柠条塔煤样；
(e) 张家峁煤样；(f) 凉水井煤样；(g) 石圪台煤样；(h) 红柳林煤样

4. 醚键变化特征

在陕北侏罗纪实验煤样低温氧化过程失重阶段的温度范围内,分别对 8 个实验煤样红外光谱图中醚键 C—O 振动吸收峰的变化特征曲线进行分析,如图 5-17 所示。

图 5-17 中,实验煤样中醚键 C—O 在热解过程中总体上呈下降趋势,但变

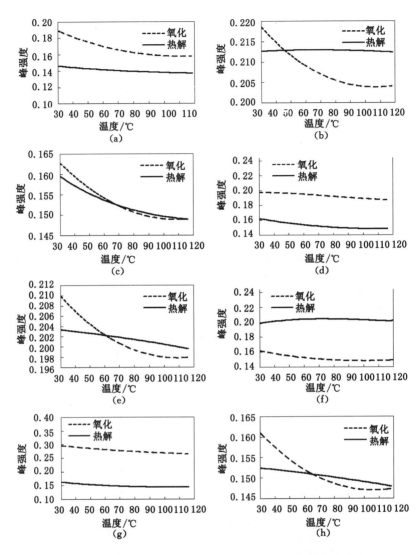

图 5-16　实验煤样低温氧化过程失重阶段—C═O 键变化特征

（a）黄陵煤样；（b）建新煤样；（c）榆阳煤样；（d）柠条塔煤样；
（e）张家峁煤样；（f）凉水井煤样；（g）石圪台煤样；（h）红柳林煤样

化相对较小，但柠条塔煤样中 C—O 键结构有增加趋势，表明陕北侏罗纪煤样热解作用对 C—O 键的变化影响较小。氧化过程中除了柠条塔煤样，其他陕北侏罗纪煤样 C—O 键结构随着温度的升高而增加，而柠条塔煤样中 C—O 键反应消耗量大于产生量，表现为 C—O 键结构的减少，综合分析陕北侏罗纪煤中醚键C—O 结构在氧化过程中的增加，主要是由于煤氧复合反应产生了次生基团，且

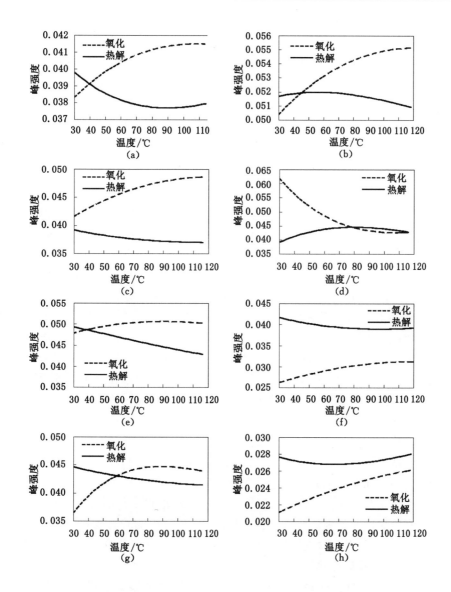

图 5-17　实验煤样低温氧化过程失重阶段醚键变化特征

(a) 黄陵煤样；(b) 建新煤样；(c) 榆阳煤样；(d) 柠条塔煤样；
(e) 张家峁煤样；(f) 凉水井煤样；(g) 石圪台煤样；(h) 红柳林煤样

反应产生量高于消耗量,也表明了陕北侏罗纪煤中的 C—O 键在水分蒸发及气体脱附失重阶段的变化受煤氧复合作用影响较大。

对比热解过程,综合分析陕北侏罗纪煤低温氧化过程中水分蒸发及气体脱附阶段的主要官能团变化规律,确定了芳香烃 CH 结构、C═C 结构、脂肪烃甲基和亚甲基、游离羟基、缔合—OH 键、羧基、羰基及醚键等 8 类活性基团的变化规律,得到芳香烃 CH 结构、脂肪烃甲基和亚甲基、缔合—OH 及醚键 C—O 氧化过程中随着温度的升高而增加,芳香烃 C═C 结构、游离羟基、羧基—COOH 及羰基—C═O 结构随着温度的升高而减少,表明不同活性基团对陕北侏罗纪煤氧化反应进程及反应活化能的作用程度不同,且通过总体变化趋势的相似性,可以表明陕北侏罗纪煤低温氧化过程水分蒸发及气体脱附阶段的反应性中存在共有的活性基团,但不同实验煤样也存在与其他煤样不同的对其氧化过程贡献较大的活性基团。

二、吸氧增重阶段活性基团变化特征

通过水分蒸发及气体脱附失重阶段的实验煤样三维红外光谱图的分析,已经确定了陕北侏罗纪煤在氧化和热解过程中的芳香烃、脂肪烃及含氧官能团主要结构的变化规律。随着温度的升高,在吸氧增重阶段不同活性基团的变化规律表现出了差异,活性基团对陕北侏罗纪煤低温氧化过程吸氧增重阶段动力学特性的作用程度也与水分蒸发及气体脱附失重阶段不同。

1. 芳香烃结构变化特征

通过对陕北侏罗纪煤样三维红外光谱图的分析,得到陕北侏罗纪煤在氧化和热解过程中的芳香烃结构变化主要体现在 3 060～3 032 cm^{-1} 位置的芳香环 C═C 结构以及 1 604～1 599 cm^{-1} 位置的芳烃—CH 键,在吸氧增重阶段分别对 8 个实验煤样芳香环 C═C 结构以及芳烃—CH 键变化特征进行分析。

(1) 芳烃—CH 键结构变化特征

通过数据提取,得到了 8 个陕北侏罗纪实验煤样在低温氧化过程吸氧增重阶段的温度范围内红外光谱图 3 060～3 032 cm^{-1} 位置的芳烃—CH 键结构热解和氧化变化特征曲线,如图 5-18 所示。

通过图 5-18 可以发现,在低温氧化过程吸氧增重阶段的温度范围内,陕北侏罗纪实验煤样中芳香烃—CH 键结构的热解过程中随着温度的升高呈增加趋势,这与水分蒸发及气体脱附阶段的变化趋势相同,只是增加的程度有一定的区别,表明吸氧增重阶段热解作用能够促使芳香烃—CH 键结构的增加。

与热解过程的变化规律不同,氧化过程中陕北侏罗纪煤结构中芳香烃—CH键结构随着温度的升高呈先增加后减少的变化规律。结合水分蒸发及气体脱附失重阶段的变化趋势,可以发现—CH 键结构的增加是延续水分蒸发及气体脱附失重阶段的变化,但增加程度降低,在增加到最大值后开始出现减少趋势,表明陕北侏罗纪煤结构中芳香烃—CH 键结构在氧化过程中同时存在产生和消耗的反应。吸氧增重阶段—CH 键结构的反应消耗量急剧增加,导致消耗量大于产生量,表现为与热解过程不同的减少现象,也说明了伴随着温度的升高,陕北侏罗纪煤结构中—CH 键结构参与吸氧增重阶段氧化反应的程度逐渐

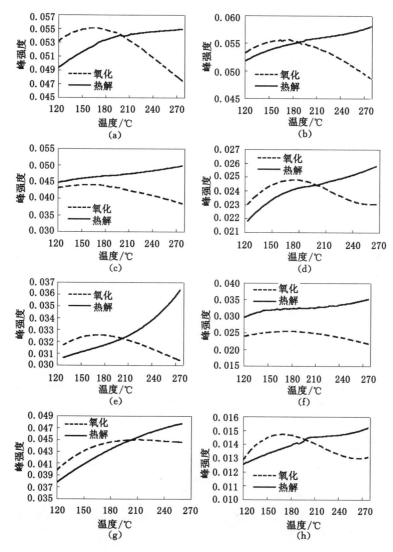

图 5-18　实验煤样吸氧增重阶段芳香烃—CH 键结构变化特征

（a）黄陵煤样；（b）建新煤样；（c）榆阳煤样；（d）柠条塔煤样；

（e）张家峁煤样；（f）凉水井煤样；（g）石圪台煤样；（h）红柳林煤样

增加。

（2）芳香环 C═C 双键结构变化特征

在低温氧化过程吸氧增重阶段的温度范围内，分别对 8 个陕北侏罗纪实验煤样原位红外光谱图中 1 604～1 599 cm^{-1} 位置的芳香环 C═C 双键结构变化特征曲线进行作图分析，如图 5-19 所示。

通过图 5-19 可以发现，在低温氧化过程吸氧增重阶段的温度范围内，陕北

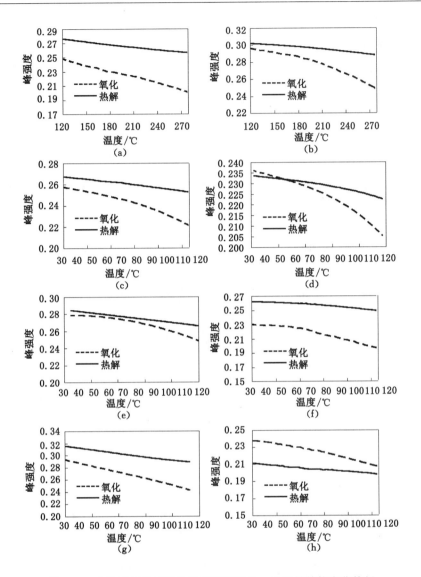

图 5-19　实验煤样吸氧增重阶段芳香环 C ═C 双键结构变化特征

（a）黄陵煤样；（b）建新煤样；（c）榆阳煤样；（d）柠条塔煤样；

（e）张家峁煤样；（f）凉水井煤样；（g）石圪台煤样；（h）红柳林煤样

　　侏罗纪实验煤样中芳香烃 C ═C 双键结构在氧化和热解过程中均随着温度的升高而减少，与水分蒸发及气体脱附失重阶段 C ═C 双键结构的变化趋势相同，但吸氧增重阶段的减少程度增大。同时，在吸氧增重阶段陕北侏罗纪煤结构中的 C ═C 双键结构在氧化过程中的减少程度也要高于热解过程，表明 C ═C 双键结构在该阶段氧化反应中随着温度的升高，反应消耗量增加。

2. 脂肪烃结构变化特征

在低温氧化过程吸氧增重阶段的温度范围内,分别对 8 个陕北侏罗纪实验煤样红外光谱图中 2 975～2 915 cm^{-1}位置的甲基和亚甲基热解和氧化谱峰变化特征进行作图分析,变化特征曲线如图 5-20 所示。

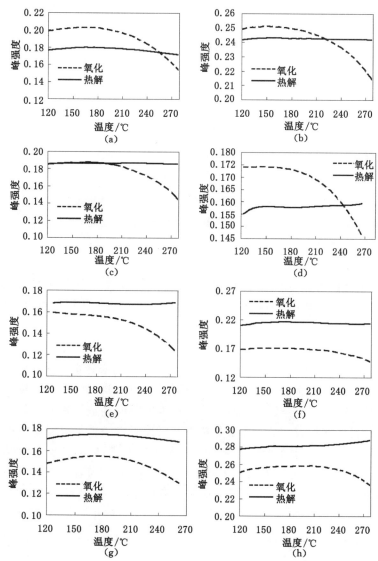

图 5-20　实验煤样吸氧增重阶段甲基和亚甲基变化特征

(a) 黄陵煤样;(b) 建新煤样;(c) 榆阳煤样;(d) 柠条塔煤样;

(e) 张家峁煤样;(f) 凉水井煤样;(g) 石圪台煤样;(h) 红柳林煤样

通过图 5-20 可以发现,在低温氧化过程吸氧增重阶段的温度范围内,陕北侏罗纪实验煤样中脂肪烃甲基和亚甲基结构热解过程总体上变化不大,而氧化过程中随着温度的升高总体呈减少趋势,其中黄陵、石圪台和红柳林煤样在该阶段前期存在很低程度的增加趋势,这是由于水分蒸发及气体脱附失重阶段甲基和亚甲基结构增加的延续,表明甲基和亚甲基结构在经过水分蒸发与气体脱附失重阶段的积累过程后,在吸氧增重阶段开始大量参与氧化反应,反应消耗量大于产生量。对比热解过程,也表明了陕北侏罗纪煤样在氧化过程吸氧增重阶段,分子结构中甲基和亚甲基结构的反应性随着温度的升高而增加,推测其对煤氧复合作用的贡献较大。

3. 含氧官能团变化特征

通过陕北侏罗纪实验煤样低温氧化过程主要变化官能团中的含氧官能团分析,确定了氧化过程吸氧增重阶段温度范围内重点分析的含氧官能团,主要是分布在原位红外光谱图中 3 684～3 625 cm^{-1} 位置的游离羟基、3 550～3 200 cm^{-1} 位置的酚和醇缔合—OH 键、1 715～1 690 cm^{-1} 位置的羧基、1 736～1 722 cm^{-1} 位置的羰基及 1 330～1 060 cm^{-1} 位置的醚键结构,分别对这 5 个含氧官能团的变化特征进行分析。

(1) 游离羟基变化特征

在氧化过程吸氧增重阶段的温度范围内,分别对 8 个陕北侏罗纪实验煤样红外光谱图中 3 684～3 625 cm^{-1} 位置的游离羟基结构变化特征曲线进行分析,如图 5-21 所示。

通过图 5-21 可以发现,在低温氧化过程吸氧增重阶段的温度范围内,陕北侏罗纪实验煤样在热解和氧化过程中游离羟基的含量总体上均一直处于较低的水平,相比之下,除了张家峁和石圪台煤样外,其他实验煤样在该阶段热解过程中游离羟基的含量高于氧化过程,且热解过程中游离羟基随着温度的升高而减少,氧化过程变化不大。结合在水分蒸发及气体脱附失重阶段温度范围内氧化和热解过程中游离羟基的含量以及变化趋势可以发现,陕北侏罗纪煤结构中游离羟基在氧化过程水分蒸发及气体脱附阶段变化较大,随着温度的升高反应消耗量急剧增加,在水分蒸发及气体脱附失重阶段已经基本消耗殆尽,而在这个温度范围内热解过程由于热解反应程度较低,与氧化过程相比,游离羟基热解反应的消耗程度较低,因此在吸氧增重阶段的温度范围内剩余少量游离羟基仍继续发生反应而消耗。

通过以上分析得出,陕北侏罗纪煤结构中游离羟基的热解反应性伴随在整个低温阶段内,但热解反应程度较低,而低温氧化过程中水分蒸发及气体脱附失重阶段游离羟基消耗量很大,吸氧增重阶段一直保持在含量很低的水平,因此可以认为陕北侏罗纪煤结构中游离羟基的氧化反应性主要体现在水分蒸发及气体

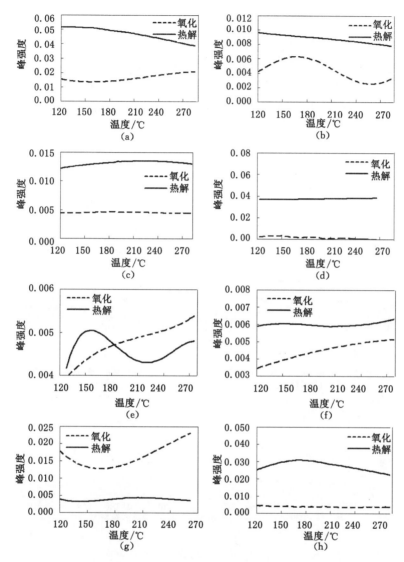

图 5-21　实验煤样吸氧增重阶段游离羟基变化特征

（a）黄陵煤样；（b）建新煤样；（c）榆阳煤样；（d）柠条塔煤样；

（e）张家峁煤样；（f）凉水井煤样；（g）石圪台煤样；（h）红柳林煤样

脱附失重阶段，对吸氧增重阶段的氧化反应贡献很小。

（2）缔合—OH 键变化特征

在低温氧化过程吸氧增重阶段的温度范围内，8 个陕北侏罗纪实验煤样红外光谱图中 3 550～3 200 cm⁻¹ 位置的酚、醇、水等缔合—OH 键结构变化特征如图 5-22 所示。

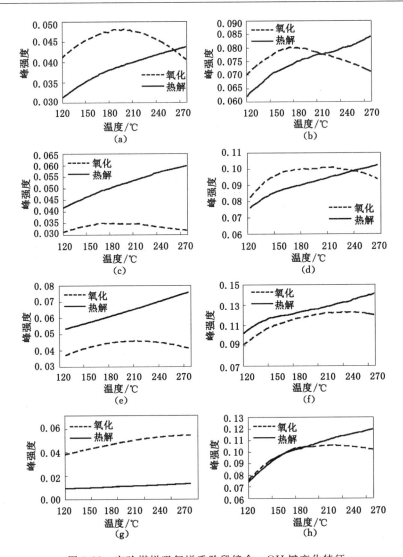

图 5-22　实验煤样吸氧增重阶段缔合—OH 键变化特征

（a）黄陵煤样；（b）建新煤样；（c）榆阳煤样；（d）柠条塔煤样；

（e）张家峁煤样；（f）凉水井煤样；（g）石圪台煤样；（h）红柳林煤样

通过图 5-22 可以发现，在低温氧化过程吸氧增重阶段的温度范围内，陕北侏罗纪实验煤样中热解过程中缔合—OH 键结构随着温度的升高呈增加趋势，而氧化过程中随着温度的升高先增加后减少，结合水分蒸发及气体脱附失重阶段缔合—OH 键结构的增加趋势，可以发现在氧化过程吸氧增重阶段前期，缔合—OH 键结构首先延续水分蒸发及气体脱附失重阶段的增加趋势，随着温度的升高，缔合—OH 键结构开始大量参与氧化反应，反应的消耗量开始逐渐高于产生量,因此表明缔合—OH 键结构对吸氧增重阶段氧化反应的贡献较大。

（3）—COOH 键变化规律

在低温氧化过程吸氧增重阶段的温度范围内,8 个陕北侏罗纪实验煤样红外光谱图中 1 715～1 690 cm^{-1} 位置的羧基—COOH 键结构变化特征如图 5-23 所示。

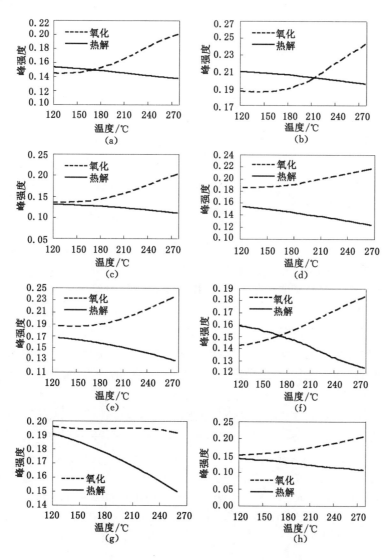

图 5-23　实验煤样吸氧增重阶段—COOH 键变化特征

（a）黄陵煤样；（b）建新煤样；（c）榆阳煤样；（d）柠条塔煤样；

（e）张家峁煤样；（f）凉水井煤样；（g）石圪台煤样；（h）红柳林煤样

通过图 5-23 可以发现,在氧化过程吸氧增重阶段的温度范围内,陕北侏罗纪实验煤样分子结构中羧基—COOH 键结构在热解过程中随着温度的升高呈减少趋势,与水分蒸发及气体脱附失重阶段温度范围内热解过程的变化趋势相一致,这表明在热解过程中陕北侏罗纪煤样分子结构中羧基不稳定,发生热解反应而消耗,可能与宏观热解过程煤样的受热失重有关。

与热解过程不同,在低温氧化过程吸氧增重阶段中陕北侏罗纪煤分子结构中羧基随着温度的升高而增加,表明该阶段羧基参与氧化反应的消耗量小于产生量,而在水分蒸发及气体脱附失重阶段羧基结构随着温度的升高而减少,表现为氧化过程中不同阶段羧基的反应性不同,在吸氧增重阶段煤氧反应产生次生基团占主导作用,导致羧基的反应产生量增加,也高于氧化反应的消耗量,同时结合宏观煤重变化,这也是引起实验煤样在该阶段增重的主要原因之一。

（4）—C＝O 键变化规律

在低温氧化过程吸氧增重阶段的温度范围内,对 8 个陕北侏罗纪实验煤样红外光谱图中 1 736～1 722 cm^{-1} 位置的羰基—C＝O 键结构变化特征进行作图分析,变化特征曲线如图 5-24 所示。

通过图 5-24 可以发现,在低温氧化过程吸氧增重阶段的温度范围内,8 个实验煤样中柠条塔和凉水井煤样分子结构中羰基—C＝O 键结构随着温度升高呈增加趋势,其他实验煤样在热解过程中变化不大。吸氧增重阶段中,陕北侏罗纪煤中羰基结构随着温度升高而增加,煤氧复合作用的羰基产生量高于反应消耗量,而在水分蒸发及气体脱附阶段中,羰基随着温度的升高而减少,与氧化过程中两个阶段中羧基结构的变化规律一致,表明羰基在水分蒸发及气体脱附失重阶段以参与氧化反应为主导,影响实验煤样的失重过程,而吸氧增重阶段以煤氧复合产生为主导,产生量高于消耗量,影响实验煤样的增重过程。

4. 醚键变化规律

在氧化过程吸氧增重阶段的温度范围内,8 个陕北侏罗纪实验煤样红外光谱图中 1 330～1 060 cm^{-1} 位置的醚键 C—O 结构变化特征曲线如图 5-25 所示。

通过图 5-25 可以发现,在氧化过程吸氧增重阶段的温度范围内,8 个实验煤样中醚键在热解过程中总体上均随着温度的升高而增加,在氧化过程中除了石圪台和柠条塔煤样外,其他实验煤样分子结构中醚键 C—O 结构随着温度升高呈减少趋势,而柠条塔煤样中醚键随着温度的升高呈增加趋势,石圪台煤样则是先减少后增加,但从变化量上可以发现,陕北侏罗纪煤样中醚键在吸氧增重阶段变化程度较低,对该阶段的影响总体较小。

综合分析陕北侏罗纪煤样低温氧化过程中吸氧增重阶段的芳香烃—CH 结构、C＝C 结构、脂肪烃甲基和亚甲基、游离羟基、缔合—OH 键、羧基、羰基及醚键等 8 类结构的变化规律,得到芳香烃—CH 结构和缔合—OH 氧化过程中随

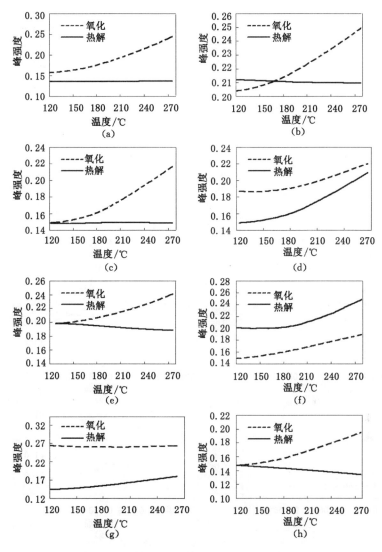

图 5-24　实验煤样吸氧增重阶段—C═O 键变化特征

(a) 黄陵煤样；(b) 建新煤样；(c) 榆阳煤样；(d) 柠条塔煤样；

(e) 张家峁煤样；(f) 凉水井煤样；(g) 石圪台煤样；(h) 红柳林煤样

着温度的升高而先增加后减少，芳香烃 C═C 结构、甲基和亚甲基及醚键结构随着温度的升高而减少，羧基—COOH 及羰基—C═O 结构随着温度的升高而增加，游离羟基在氧化过程中一直处于较低水平，8 类活性基团在低温氧化过程吸氧增重阶段与水分蒸发及气体脱附失重阶段的反应性不同。

　　结合两个阶段陕北侏罗纪煤样 8 类结构的变化规律分析，陕北侏罗纪煤样氧化过程中主要基团的变化规律具有共性，但不同煤样同一结构和同一煤样不

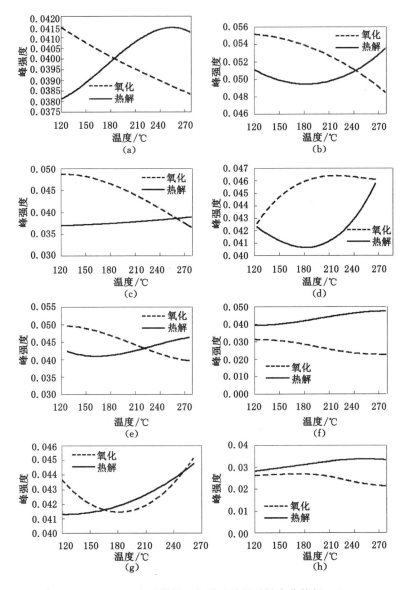

图 5-25　实验煤样吸氧增重阶段醚键变化特征

(a) 黄陵煤样；(b) 建新煤样；(c) 榆阳煤样；(d) 柠条塔煤样；

(e) 张家峁煤样；(f) 凉水井煤样；(g) 石圪台煤样；(h) 红柳林煤样

同结构在反应过程中的变化速率及变化量又有所区别,说明陕北侏罗纪煤样在低温氧化过程存在共性的同时,不同实验煤样中不同活性基团对氧化反应进程及反应活化能的贡献程度不同,需要做进一步的贡献度分析,贡献度越大的反应基团也就是氧化反应的关键活性基团。

第四节　本 章 小 结

本章采用原位漫反射傅里叶红外光谱实验,根据热分析实验确定的低温氧化过程两个阶段,分阶段分析了陕北侏罗纪煤样氧化与热解过程中微观结构的变化特征,确定了陕北侏罗纪煤分子结构中低温氧化过程中的活性基团及其氧化反应性,得出以下主要结论:

(1) 陕北侏罗纪煤样氧化过程中主要变化官能团包括峰位置在 $3\,550\sim$ $3\,200\ cm^{-1}$ 和 $3\,660\sim3\,632\ cm^{-1}$ 的羟基、$2\,935\sim2\,918\ cm^{-1}$ 和 $1\,449\sim1\,439$ cm^{-1} 的甲基和亚甲基、$1\,604\sim1\,599\ cm^{-1}$ 位置的芳香环 C=C 双键和 $3\,060\sim$ $3\,032\ cm^{-1}$ 位置的芳烃—CH 键、$1\,790\sim1\,690\ cm^{-1}$ 的羰基和羧基以及 $1\,330\sim$ $1\,060\ cm^{-1}$ 的醚键等官能团。

(2) 在低温氧化过程的水分蒸发及气体脱附失重阶段,陕北侏罗纪煤样的氧化反应性中存在一定的共性,煤分子结构中芳香烃—CH 结构、脂肪烃甲基和亚甲基、缔合—OH 及醚键等结构在氧化过程中反应产生量高于消耗量,表现为随着温度的升高而增加,芳香环 C=C 结构、游离羟基、羧基—COOH 及羰基—C=O 结构参与氧化反应消耗量低于产生量,表现为随着温度的升高而减少。

(3) 在低温氧化过程的吸氧增重阶段,陕北侏罗纪煤样芳香烃—CH 结构和缔合—OH 氧化过程中随着温度的升高而先增加后减少,芳香环 C=C 结构、甲基和亚甲基及醚键结构随着温度的升高而减少,羧基—COOH 及羰基—C=O 结构随着温度的升高而增加,游离羟基在氧化过程中一直处于较低水平,8 类活性基团在吸氧增重阶段与水分蒸发及气体脱附失重阶段的反应性不同。

(4) 在低温氧化过程两个阶段中,陕北侏罗纪煤样结构主要官能团的变化规律具有共性,但不同实验煤样中不同结构对氧化反应进程及反应活化能的贡献程度不同,表现为宏观的质量、热效应以及反应表观活化能的不同,贡献度越大的反应基团也就是氧化反应的关键活性基团。

第六章　陕北侏罗纪煤氧化动力学与反应性的相关性研究

通过热重实验,对陕北侏罗纪煤氧化过程进行了分阶段的动力学分析,确定了低温氧化过程两个阶段的表观活化能的变化规律,采用差热扫描量热实验,分析了低温氧化过程的宏观热效应规律,同时采用原位漫反射傅里叶红外光谱分析技术,从微观层面上分别定量分析了陕北侏罗纪煤分子结构中主要官能团在低温氧化过程两个阶段的变化规律,为了进一步揭示陕北侏罗纪煤氧化反应动力学的微观机理,本章采用关联度分析方法对表观活化能与活性基团的变化进行相关性分析,确定陕北侏罗纪煤低温氧化过程中的关键活性基团。

第一节　关联度分析理论

一、关联度

关联度表征两个事物集合之间的相关性程度,从数学角度上是指两个函数变化趋势相似程度,其中关联系数则为衡量关联度大小,即相关性程度的关键参数。关联度主要通过关联系数或者平均关联系数表征。通常情况下关联系数为0~1或−1~1表示,关联系数值越接近1,说明相关性越好,采用−1~1时,关联系数越接近−1说明呈负相关,越接近0表明相关性越差。本书主要以关联度作为参数,分析低温氧化过程中水分蒸发及气体脱附失重阶段和吸氧增重阶段反应活化能与活性基团变化的关联程度,据此分析两个阶段氧化反应的关键活性基团。

二、关联分析方法

1. Pearson 相关系数法

Pearson 相关系数法是采用 Pearson 乘积矩相关系数 R 表征相关性程度的一种方法,其中,R 为无量纲数,取值范围为$[-1.0, -1.0]$,取值范围表征了两个数集之间的线性相关度,以数集 X 与 Y 为例,计算公式如下:

$$R = \frac{n[\sum XY - (\sum X)(\sum Y)]}{\sqrt{[n\sum X^2 - (\sum X)^2][n\sum Y^2 - (\sum Y)^2]}} \tag{6-1}$$

计算结果为 1 表示两个数集呈正相关,且两个数集在同一直线上,而−1 则表示两个数集呈负相关,两个数集也在同一直线上,0 则表示两个数集没有线性关系,其越靠近 1 或者−1 说明两个数集之间的相关性越好,可以用于分析因素对系统的影响程度。

2. 灰色关联分析

灰色关联分析是灰色系统理论中的一种方法,是指对一个系统发展变化态势的定量描述和比较的方法[76]。该方法主要是通过对几个数集间的变化相似程度进行分析,计算得到灰色关联度参数,根据灰色关联的大小判断两个数集的关联性,以及一个数集对另一个数集的影响程度。其中灰色关联度的取值范围为[0,1],与 Pearson 相关系数法相同,值的大小表征的相关性程度,越接近 1 相关程度越高。通过该方法可以分析一个系统中表征参数的动态变化受其他多种因素影响程度大小,不同因素与表征系统的参数变化趋势越一致、变化速率越一致,计算得到的灰色关联度值越高,从而确定该系统中的主要影响参数。

灰色关联分析的主要过程为:

(1) 确定分析数列

首先确定表征系统行为的参数数列,以及影响系统行为的多因素数列。在本书中,低温氧化过程两个阶段的活化能以及热效应为参考数列,而陕北侏罗纪煤结构中 8 类活性基团的变化序列为比较数列。

分别设低温氧化过程两个阶段的表观活化能及热效应序列为 $Y = \{Y(k) \mid k = 1,2,\cdots,n\}$;比较数列(不同活性基团随温度的变化值)$X_i = \{X_i(k) \mid k = 1,2,\cdots,n\}, i = 1,2,\cdots,m$。

(2) 变量的无量纲化

由于氧化过程中反应表观活化能、热效应以及活性基团的振动强度等数据量纲不同,因此不能直接用于比较分析,为了得到较为准确的结果,对活化能、热效应及活性基团参数进行无量纲化。本书主要采用均值化处理方法,分别求得不同数列所含有数值的平均值,及氧化过程中活化能等参数变化的平均值,然后用平均值去减每个数值,便得到一组新数据。

$$x_i(k) = \frac{X_i(k)}{\overline{X_i}}, \quad k = 1,2,\cdots,n; i = 0,1,2,\cdots,m \tag{6-2}$$

(3) 计算关联系数

$x_0(k)$ 与 $x_i(k)$ 的关联系数用 $\xi_i(k)$ 表示,用关联分析法分别求得第 i 个被评价对象的第 k 个指标与第 k 个指标最优指标的关联系数,其计算公式为:

$$\xi_i(k) = \frac{\min\limits_{i}\min\limits_{k}|y(k)-x_i(k)| + \rho\max\limits_{i}\max\limits_{k}|y(k)-x_i(k)|}{|y(k)-x_i(k)| + \rho\max\limits_{i}\max\limits_{k}|y(k)-x_i(k)|},$$

$$k = 1, 2, \cdots, n; i = 0, 1, 2, \cdots, m \tag{6-3}$$

记 $\Delta_i(k) = \left| y(k) - x_i(k) \right|$，则

$$\xi_i(k) = \frac{\min\limits_i \min\limits_k \Delta_i(k) + \rho \max\limits_i \max\limits_k \Delta_i(k)}{\Delta_i(k) + \rho \max\limits_i \max\limits_k \Delta_i(k)},$$

$$k = 1, 2, \cdots, n; i = 0, 1, 2, \cdots, m \tag{6-4}$$

$\rho \in (0, \infty)$，称为分辨系数。ρ 越小，分辨力越大，一般 ρ 的取值区间为 $(0, 1)$，具体取值可视情况而定。当 $\rho \leqslant 0.546\ 3$ 时，分辨力较好，通常取 $\rho = 0.5$[77]。

（4）计算灰色关联度

灰色关联度作为表征两个数集之间的相关性指标，不同因素对系统主要参数的影响不同，在本书中主要分析不同活性基团对低温氧化过程活化能影响程度的分析，影响程度的大小主要通过灰色关联度的取值表征。在不同活性基团变化数值与活化能值均有一个关联度值，对关联度取值进行平均值计算，得到最终的结果即为不同活性基团对活化能的影响度。关联度 R_i 计算公式如下：

$$R_i = \frac{1}{n} \sum_{k=1}^{n} \xi_i(k), \ k = 1, 2, \cdots, n \tag{6-5}$$

（5）关联度排序

经过计算，得到了不同活性基团对低温氧化过程活化能的灰色关联度大小，将不同活性基团的关联度按大小进行排序，结合理论分析，即可确定反应过程的关键活性基团。

采用灰色关联分析方法，对不同活性基团对低温氧化过程两个阶段中活化能变化影响程度进行分析，可以得到不同活性基团与活化能的数值关系，为陕北侏罗纪煤氧化发展变化态势的分析提供了量化的度量，适合对陕北侏罗纪煤的关键反应历程进行分析，从而推断在低温氧化过程两个阶段反应的关键活性基团[78]。

Pearson 相关系数法与灰色关联分析在分析相关性时有各自的优势，Pearson 相关系数法能够分析两个数列之间的正相关和负相关，可以表征煤氧化反应过程中不同基团的贡献程度，但是无法从数列数值的数量级上表征变量与因变量的相关性大小。灰色关联分析则无法表征变量与因变量的正相关和负相关，但能够真实表征两个数列之间的相关程度。因此，结合两种方法可以更为准确地确定关键活性基团。

第二节　表观活化能与活性基团的相关性分析

根据对陕北侏罗纪煤低温氧化过程水分蒸发及气体脱附失重阶段和吸氧增重阶段的动力学分析，确定了两个阶段的增失重变化与煤分子结构中活性基团

的变化规律相关。为了进一步确定陕北侏罗纪煤氧化过程中对不同阶段反应贡献度较大的关键活性基团,分别对两个阶段的活化能变化与不同活性结构的变化数据进行关联度分析。

一、正负相关性分析

首先采用 Pearson 相关系数法,对实验煤样低温氧化过程水分蒸发及气体脱附失重阶段和吸氧增重阶段分别进行活化能与活性基团变化的相关性分析,确定了 8 类活性基团与活化能变化的正负相关性。

1. 水分蒸发及气体脱附失重阶段

通过计算得到 8 个实验煤样水分蒸发及气体脱附失重阶段活化能与不同活性基团变化的 Pearson 相关系数,如表 6-1 所列。

表 6-1　　　　　　实验煤样水分蒸发及气体脱附失重阶段活性基团与
活化能的 Pearson 相关系数

煤　样	Pearson 相关系数							
	游离羟基	醇酚类—OH 键	芳香烃—CH	甲基、亚甲基	羧基	羰基	C＝C	C—O 键
黄　陵	0.979 5	−0.977 3	−0.973 2	−0.959 2	0.976 5	0.926 6	0.985 4	0.997 2
建　新	0.760 2	−0.934 4	−0.927 8	−0.907 2	0.932 9	0.831 3	0.994 7	−0.877 1
榆　阳	0.998 1	−0.956 1	−0.978 8	−0.987 6	0.985 9	0.995 2	0.971 3	−0.992 8
柠条塔	0.926 4	−0.964 2	−0.998 9	−0.997 9	0.989 9	0.981 6	0.991 1	0.959 7
张家峁	0.974 4	−0.988 1	−0.990 5	−0.991 5	0.935 9	0.935 9	0.986 9	−0.908 2
凉水井	0.967 4	−0.873 1	−0.958 5	−0.952 8	0.968 7	0.961 4	−0.964 5	−0.966 7
石圪台	0.978 8	−0.998 6	−0.991 7	−0.994 5	0.972 2	0.983 2	0.998 5	−0.817 4
红柳林	0.966 4	−0.955 1	−0.992 2	−0.998	0.830 5	0.969 2	−0.783 7	−0.998 5

通过表 6-1 可以发现,在低温氧化过程的水分蒸发及气体脱附失重阶段,陕北侏罗纪煤结构中游离羟基、羧基、羰基等结构与活化能的变化成呈相关,总体上相关系数能达到 0.7~0.8 以上。由于水分蒸发及气体脱附失重阶段是失重过程,而且活化能随着温度的增加而降低,推测游离羟基、羧基和羰基等结构的减少对低温氧化过程失重阶段活化能的降低可能有一定的贡献。

而酚醇类—OH 键、芳香烃—CH 结构以及脂肪烃甲基和亚甲基与活化能的变化呈负相关,相关系数在 0.9 以上,推测酚醇类—OH 键、芳香烃—CH 结构以及脂肪烃甲基和亚甲基的增加对该阶段失重过程具有一定的抑制作用。另外,除了凉水井和红柳林煤样,其他实验煤样的 C＝C 结构变化与活化能变化呈正相关,除了黄陵和柠条塔煤样外,其他煤样醚键 C—O 结构与活化能的降低呈负相关,表明 C═C 与 C—O 结构在陕北侏罗纪煤低温氧化过程水分蒸发及气体脱附失重阶段的贡献不同。

2. 吸氧增重阶段

通过计算得到 8 个实验煤样吸氧增重阶段活化能与不同活性基团变化的 Pearson 相关系数,如表 6-2 所列。

表 6-2　实验煤样吸氧增重阶段活性基团与活化能的 Pearson 相关系数

煤　样	Pearson 相关系数							
	游离羟基	醇酚类—OH 键	芳香烃—CH	甲基、亚甲基	羧基	羰基	C═C	C—O 键
黄　陵	0.992 8	−0.971 1	−0.995 3	−0.969 5	0.994 7	0.992 6	−0.992 0	−0.994 5
建　新	−0.860 6	−0.933 2	−0.911 3	−0.886 9	0.931 4	0.934 4	−0.929 6	−0.924 1
榆　阳	−0.924 2	−0.968 5	−0.990 4	−0.982 0	0.983 2	0.988 1	−0.990 0	−0.987 2
柠条塔	−0.899 3	−0.607 7	−0.947 0	−0.853 8	0.952 6	0.924 1	−0.904 3	0.478 0
张家峁	0.888 7	−0.531 6	−0.884 8	−0.806 1	0.888 2	0.893 8	−0.883 2	−0.953 0
凉水井	0.981 4	−0.453 0	−0.994 9	−0.970 3	0.513 9	0.998 0	−0.996 8	−0.907 8
石圪台	0.983 3	0.987 4	0.224 1	−0.944 9	−0.720 4	0.879 7	−0.993 3	0.930 5
红柳林	−0.173 1	−0.701 8	−0.915 6	−0.896 7	0.603 0	0.985 1	−0.985 5	−0.980 6

通过表 6-2 可以发现,在低温氧化过程的吸氧增重阶段,陕北侏罗纪煤结构中羧基、羰基等结构总体上与活化能的增加呈正相关,其中羰基的相关系数均能达到 0.85 以上,而石圪台煤样结构中羧基与活化能变化相关性较差。由于吸氧增重阶段总体表现为增重变化,而该阶段活化能随着温度的升高而增加,因此推测陕北侏罗纪煤结构中羧基、羰基等的增加是由于煤结构与氧气的复合作用产生,对煤样在该阶段的增重过程有一定的贡献。

而芳香烃—CH 结构、脂肪烃甲基和亚甲基、C═C 以及醚键 C—O 结构与活化能的增加总体上呈负相关,推测这些结构的减少主要是由于参与氧化反应而消耗,抑制了实验煤样的增重变化,因此对陕北侏罗纪煤低温氧化过程吸氧增重阶段活化能的增加有一定的贡献。陕北侏罗纪煤低温氧化过程吸氧增重阶段游离羟基红外光谱振动强度较弱,变化也很小,与活化能变化的相关性总体上不高,虽然黄陵、张家峁、凉水井及石圪台煤样表现为正相关,而建新、榆阳和柠条塔煤样表现为负相关,但由于低温氧化过程吸氧增重阶段中游离羟基的含量较小,推测游离羟基对陕北侏罗纪煤样的氧化动力学影响较小。

二、灰色关联性分析

根据陕北侏罗纪煤氧化过程分阶段的特性,采用灰色关联分析方法分别确定 8 类活性基团与 8 个实验煤样低温氧化过程中水分蒸发及气体脱附失重阶段和吸氧增重阶段表观活化能变化的关联度,用以综合表征不同活性基团氧化反应性对陕北侏罗纪煤两个阶段动力学过程的贡献程度。

1. 水分蒸发及气体脱附失重阶段的相关性

按照本章第一节灰色关联分析步骤,对 8 个陕北侏罗纪实验煤样氧化过程水分蒸发及气体脱附失重阶段表观活化能与主要活性基团变化的灰色关联度进行计算,计算结果如表 6-3 所列。

表 6-3　　　　实验煤样水分蒸发及气体脱附失重阶段活性基团与
活化能的灰色关联度

煤　样	灰色关联度							
	游离羟基	醇酚类—OH 键	芳香烃—CH	甲基、亚甲基	羧基	羰基	C=C	C—O 键
黄　陵	**0.629 69**	0.576 29	0.575 50	**0.591 79**	**0.602 76**	0.570 73	**0.595 51**	0.568 01
建　新	**0.690 42**	0.585 52	0.590 60	0.605 07	**0.662 21**	**0.658 36**	**0.656 27**	0.632 66
榆　阳	0.600 44	0.611 31	0.620 62	**0.650 16**	**0.656 59**	0.644 37	**0.651 96**	**0.647 04**
柠条塔	**0.607 39**	0.556 79	0.580 16	**0.582 63**	**0.591 02**	0.582 05	0.581 91	0.554 45
张家峁	**0.657 40**	0.591 95	0.621 01	0.640 15	**0.653 80**	**0.653 80**	0.637 67	**0.649 00**
凉水井	0.537 89	0.641 10	0.677 13	**0.700 74**	**0.723 48**	**0.718 97**	**0.706 15**	0.696 92
石圪台	**0.711 17**	0.550 48	0.551 48	0.555 38	0.547 25	**0.555 49**	**0.558 36**	**0.571 01**
红柳林	0.576 56	0.559 08	0.585 10	**0.606 86**	**0.597 39**	0.591 66	**0.614 90**	**0.598 44**
平均值	0.626 37	0.584 07	0.600 20	0.616 60	0.629 31	0.621 93	0.625 34	0.614 69

通过对比表 6-3 中实验煤样水分蒸发及气体脱附失重阶段 8 类活性基团与活化能变化的灰色关联度可以发现,不同活性基团与表观活化能的关联度差别不大,对实验煤样热重变化过程的影响程度相近。统计发现 8 类活性基团与活化能变化的关联度大小在 0.5~0.75 的范围内,表明陕北侏罗纪煤低温氧化过程水分蒸发及气体脱附失重阶段变化受煤结构中活性基团反应性的共同影响,但不同活性基团对氧化反应的影响程度不同,通过关联度的大小可以确定不同活性基团的影响程度。

从每个实验煤样不同活性基团的关联度角度分析,对比不同活性基团与活化能变化的关联度大小并进行排序,确定了对低温氧化过程水分蒸发及气体脱附失重阶段热重变化的影响程度较大的 4 类活性基团,可以发现不同煤样与活化能变化关联度较高的活性基团种类有所区别,关联度较高的 4 类活性基团在表 6-3 中进行加黑标注。同时,求出不同实验煤样同一活性基团与活化能变化的平均关联度,统计分析对陕北侏罗纪煤氧化过程热重变化影响较大的主要活性基团,通过对比发现,在该阶段陕北侏罗纪煤结构中活性基团按照关联度从高到低排序为羧基、游离羟基、C═C 结构、羰基、甲基和亚甲基及醚键 C—O。陕北侏罗纪煤醇酚类—OH 键及芳香烃—CH 结构与氧化过程活化能的关联度均比其他活性基团低,因此对氧化过程热重变化的影响也较低。

2. 吸氧增重阶段

按照灰色关联分析步骤,对 8 个陕北侏罗纪实验煤样氧化过程吸氧增重阶段表观活化能与主要活性基团变化的灰色关联度进行计算,计算结果如表 6-4 所列。

表 6-4　　　实验煤样吸氧增重阶段活性基团与活化能的灰色关联度

煤 样	灰色关联度							
	游离羟基	醇酚类—OH 键	芳香烃—CH	甲基、亚甲基	羧基	羰基	C═C	C—O 键
黄　陵	0.510 03	**0.538 95**	0.521 50	**0.556 30**	**0.530 01**	0.529 93	0.522 05	0.521 15
建　新	0.661 24	**0.693 35**	0.683 01	0.672 15	**0.800 74**	0.753 32	0.690 40	**0.695 52**
榆　阳	0.602 49	0.603 80	0.609 88	**0.618 04**	0.651 00	0.632 36	**0.611 99**	0.596 34
柠条塔	0.637 02	0.655 89	0.644 34	**0.662 68**	0.695 01	0.689 75	0.654 88	**0.667 36**
张家峁	0.657 74	0.654 09	0.672 78	0.654 09	**0.717 21**	0.698 12	0.686 64	**0.686 36**
凉水井	0.562 67	0.572 09	0.570 43	**0.586 39**	0.576 28	0.585 08	0.567 35	**0.587 16**
石圪台	0.547 41	0.571 04	0.562 48	**0.586 78**	0.588 43	0.585 29	0.564 51	**0.590 13**
红柳林	0.547 83	0.571 76	0.579 60	**0.588 15**	0.579 96	0.580 43	0.574 74	**0.600 98**
平均值	0.595 84	0.637 75	0.626 73	0.626 66	0.691 41	0.688 47	0.622 01	0.607 06

通过对比表 6-4 中实验煤样吸氧增重阶段不同活性基团与活化能变化的灰色关联度可以发现,该阶段不同活性基团与氧化表观活化能的关联度有所区别,对不同实验煤样热重变化过程的影响程度不同,统计得到 8 种活性基团与活化能变化的关联度大小在 0.5~0.8 的范围内,与水分蒸发及气体脱附失重阶段的影响程度相比,在吸氧增重阶段陕北侏罗纪煤热重变化受煤结构中活性基团反应性的影响较大,不同活性基团仍可以通过关联度的大小确定其对氧化反应的影响能力。

与水分蒸发及气体脱附失重阶段一样,将不同实验煤样结构中与反应表观活化能变化关联度较高的 4 类活性基团在表 6-4 中进行加黑标注,得到不同煤样中关联度较高的活性基团主要为脂肪烃甲基、亚甲基结构和含氧官能团,部分煤样如榆阳和张家峁煤样结构中 C═C 结构的关联度也较高。结合求出的不同实验煤样同一活性基团与活化能变化的平均关联度,统计分析对 8 个陕北侏罗纪煤样氧化反应热重变化具有普遍影响的主要活性基团,主要包括羧基、羰基、甲基和亚甲基以及醚键 C—O 等结构。通过对比得到该阶段陕北侏罗纪煤结构中活性基团按照关联度从高到低排序为羧基、羰基、甲基和亚甲基及醚键C—O,另外也有部分煤样酚醇—OH 键及 C═C 结构关联度也较高。而陕北侏罗纪煤结构中游离羟基及芳香烃—CH 结构与氧化过程活化能的关联度均比其他活性基团低,因此对氧化过程吸氧增重阶段热重变化的影响程度也较低。

第三节　关键活性基团分析

通过对陕北侏罗纪煤低温氧化过程中两个阶段活性基团与活化能变化的关联度分析,确定了每个阶段对陕北侏罗纪煤热重变化过程影响的主要活性基团,但由于不同活性基团对氧化动力学过程的影响不同,因此需要结合 Pearson 相关系数法的正负相关性分析,以确定对陕北侏罗纪煤两个阶段氧化动力学过程具有促进作用的活性基团,即关键活性基团。

一、水分蒸发及气体脱附失重阶段关键活性基团

根据灰色关联分析结果,采用 Pearson 相关系数法的正负相关性进行活性基团的作用效果分析,可以得到陕北侏罗纪煤不同活性基团对水分蒸发及气体脱附失重阶段动力学过程的影响程度。在陕北侏罗纪煤的低温氧化过程水分蒸发及气体脱附失重阶段,由于表观活化能随着温度的升高而减小,失重变化过程表现得更为容易,因此与该阶段活化能变化的关联度较好且呈正相关的活性基团对失重动力学过程有促进作用,对该阶段动力学过程的贡献较大,可以确定为该阶段的关键活性基团。同时,其他呈负相关的活性基团则在该阶段对失重动力学过程起到抑制作用,结合热解与氧化过程中活性基团的变化,可以确定促进煤样增重过程的活性基团,但根据失重动力学过程的活化能变化可以认为,这些活性基团对煤样增重反应过程的促进作用与失重过程关键活性基团的作用程度相比较弱。

通过分析得到陕北侏罗纪实验煤样水分蒸发及气体脱附失重阶段的关键活性基团以及对增重过程有促进作用的活性基团,如表 6-5 所列。

表 6-5　　　　实验煤样水分蒸发及气体脱附失重阶段关键活性
基团及增重作用的活性基团

煤　样	关键活性基团	起增重作用的活性基团
黄　陵	游离羟基、羧基、C═C 结构	酚醇类—OH 键、脂肪烃甲基和亚甲基、醚键 C—O
建　新	游离羟基、羧基、羰基、C═C 结构	醚键 C—O

煤　样	关键活性基团	起增重作用的活性基团
榆　阳	羧基、C＝C 结构、醚键	醚键 C—O
柠条塔	游离羟基、羧基、羰基	脂肪烃甲基和亚甲基、酚醇类—OH 键
张家峁	游离羟基、羧基、羰基	醚键 C—O
凉水井	羧基、羰基、C＝C 结构	醚键 C—O
石圪台	游离羟基、羰基、C＝C 结构	脂肪烃甲基和亚甲基、醚键 C—O
红柳林	羧基、C＝C 结构	醚键 C—O

通过表 6-5 中关键活性基团的分布情况，可以确定陕北侏罗纪煤在水分蒸发及气体脱附失重阶段的氧化反应关键活性基团主要为游离羟基、羧基、羰基和C＝C结构。结合热红联用实验中 H_2O、CO 和 CO_2 气体的产生规律以及热效应结果，该阶段的失重主要是水分蒸发和关键活性基团的氧化反应消耗导致，同时伴随有煤氧复合产生脂肪烃和醚键 C—O 等次生活性基团，这些过程引起的增重效应对整体失重过程起到抑制作用。

由于在该阶段总体表现为活化能降低，而且关键活性基团表现为氧化反应消耗，反应放热降低了水分蒸发过程的吸热速率，表现为吸热速率极值点温度，陕北侏罗纪煤极值点的温度范围为 60～80 ℃，这也与热重实验曲线失重速率最大的临界温度点相一致。

二、吸氧增重阶段关键活性基团

与低温氧化过程水分蒸发及气体脱附失重阶段的分析方法相同，根据灰色关联度分析结果，结合 Pearson 相关系数法的正负相关性，对低温氧化过程吸氧增重阶段中 8 类活性基团的作用效果进行分析，得到了陕北侏罗纪煤不同活性基团对吸氧增重阶段动力学过程的影响。与水分蒸发及气体脱附失重阶段不同，在该阶段表观活化能随着温度的升高而增加，表明增重变化过程表现得更为困难，因此与该阶段活化能变化的关联度较好且呈负相关的活性基团对增重动力学过程有抑制作用，对该阶段动力学过程的贡献影响较大，可以确定为该阶段的关键活性基团。同时，呈正相关的活性基团则在该阶段对增重动力学过程起到了一定的促进作用，但促进作用与关键活性基团的抑制作用相比越来越弱。结合热解与氧化过程中活性基团的变化，可以确定促进煤样增重过程的活性基团。

通过分析得到陕北侏罗纪实验煤样吸氧增重阶段的关键活性基团以及对增重过程有促进作用的活性基团，如表 6-6 所列。

表 6-6　　　　实验煤样吸氧增重阶段关键活性基团及增重作用的活性基团

煤　样	关键活性基团	起增重作用的活性基团
黄　陵	酚醇类—OH 键、脂肪烃甲基和亚甲基	羧基、羰基
建　新	酚醇类—OH 键、醚键 C—O	羧基、羰基
榆　阳	脂肪烃甲基和亚甲基、C═C 结构	羧基、羰基
柠条塔	脂肪烃甲基和亚甲基	羧基、羰基
张家峁	C═C 结构、醚键 C—O	羧基、羰基
凉水井	脂肪烃甲基和亚甲基、醚键 C—O	羧基、羰基
石圪台	脂肪烃甲基和亚甲基、羧基	羰基、醚键 C—O
红柳林	脂肪烃甲基和亚甲基、醚键 C—O	羧基、羰基

通过表 6-6 中关键活性基团的分布情况，可以确定陕北侏罗纪煤在吸氧增重阶段共有的氧化反应关键活性基团主要为脂肪烃甲基和亚甲基、醚键 C—O等。与水分蒸发及气体脱附失重阶段的反应性不同，吸氧增重阶段活性基团中羧基和羰基由上一阶段的反应消耗转变为生成反应，这也是陕北侏罗纪煤氧化过程出现吸氧增重阶段的主要原因，而关键活性基团的反应消耗表现为热红联用实验中 H_2O、CO 和 CO_2 气体的产生以及宏观热效应，在该阶段煤样中外在水分已基本蒸发，热重变化主要受煤结构中活性基团的氧化反应消耗和煤氧复合产生次生活性基团（如羧基、羰基等）的作用影响，但总体反应过程的活化能升高表征了氧化反应程度迅速增加，且在该阶段关键活性基团的反应放热速率比水分蒸发阶段也有明显的增加，表现为热效应速率曲线呈指数规律增长。

第四节　本 章 小 结

本章采用 Pearson 相关系数法与灰色关联分析法研究了陕北侏罗纪煤氧化过程两个阶段活性基团与活化能变化的相关性特征，分析了两个阶段的动力学过程的微观解释，主要结论如下：

（1）基于 Pearson 相关系数法确定了低温氧化过程失重和增重两个阶段8 类活性基团与活化能变化的正负相关性，在水分蒸发及气体脱附失重阶段陕北侏罗纪煤结构中游离羟基、羧基、羰基等结构与活化能的变化呈正相关，相关系数达到 0.7～0.8 以上，而酚醇类—OH 键、芳香烃—CH 结构以及脂肪烃甲基和亚甲基与活化能的变化呈负相关，相关系数在 0.9 以上；在吸氧增重阶段陕北侏罗纪煤分子结构中羧基、羰基等结构总体上与活化能的增加成呈相关，其中羰基的相关系数能达到 0.85 以上，而芳香烃—CH 结构、脂肪烃甲基和亚甲基、C═C 以及 C—O 结构与活化能的增加总体上呈负相关。

（2）基于灰色关联分析，确定了陕北侏罗纪煤低温氧化过程两个阶段活性基团与活化能变化的灰色关联度大小，统计得到水分蒸发及气体脱附失重阶段8类活性基团与活化能变化的关联度大小在 0.5～0.75 的范围内，热失重变化受煤结构中活性基团反应性的共同影响，但不同活性基团对氧化反应的影响程度不同。结合不同实验煤样关联度较高的活性基团以及平均关联度分析，综合得到对陕北侏罗纪煤氧化反应热重变化影响较大的主要活性基团，得到该阶段按照关联度从高到低的排序为羧基、游离羟基、C═C 结构、羰基、甲基和亚甲基及醚键 C—O；吸氧增重阶段8种活性基团与活化能变化的关联度大小在 0.5～0.8的范围内，综合分析得到该阶段陕北侏罗纪煤结构中活性基团按照关联度从高到低排序为羧基、羰基、甲基和亚甲基及醚键 C—O，另外也有部分煤样酚醇—OH 键及 C═C 结构关联度也较高。

（3）结合正负相关性及关联度分析，确定了陕北侏罗纪煤在低温氧化过程水分蒸发及气体脱附失重阶段的氧化反应关键活性基团，主要为游离羟基、羧基、羰基和 C═C 结构。在该阶段的失重以水分蒸发和煤结构中游离羟基、羧基、羰基和 C═C 结构等关键活性基团的氧化反应消耗为主，同时受到煤氧复合产生脂肪烃和醚键 C—O 等次生基团作用所引起的增重影响，该阶段关键活性基团的反应放热降低了水分蒸发过程的吸热速率，表现为热效应速率曲线 60～80 ℃范围的极值点温度，这也与热重实验曲线确定的氧化自燃临界温度点吻合。

（4）确定了陕北侏罗纪煤在低温氧化过程吸氧增重阶段氧化反应关键活性基团，主要为脂肪烃甲基和亚甲基、醚键 C—O 等。在该阶段热重变化主要受煤结构中活性基团的氧化反应消耗和煤氧复合产生次生活性基团综合作用影响，羧基和羰基由上一阶段的反应消耗转变为生成反应，是陕北侏罗纪煤低温氧化过程出现吸氧增重阶段的主要原因，而关键活性基团的反应消耗表现为 H_2O、CO 和 CO_2 气体的产生以及宏观热效应，反应过程中活化能的增加表征了氧化反应程度迅速增加，表现为关键活性基团的反应放热速率迅速增大，热效应速率曲线呈指数规律增长。

参 考 文 献

[1] 国家发展和改革委员会.国家发展改革委关于印发煤炭工业发展"十二五"规划的通知[EB/OL].(2012-03-18).http://www.ndrc.gov.cn/zcfb/zcfb-ghwb/201203/ t20120322_585489.html.

[2] 毛节华,许惠龙.中国煤炭资源分布现状和远景预测[J].煤田地质与勘探,1999,27(3):1-4.

[3] 李小彦,晋香兰,李贵红.西部煤炭资源开发中"优质煤"概念及利用问题的思考[J].中国煤田地质,2005,17(3):5-8.

[4] 国家发展和改革委员会.国家发展改革委 国家能源局关于印发煤炭工业发展"十三五"规划的通知[EB/OL].(2016-12-26).http://www.ndrc.gov.cn/zcfb/zcfbtz/ 201612/t20161230_833687.html.

[5] 王英,高世贤.陕西省煤种分布及其地质背景分析[J].西安科技学院学报,2003,23(4):400-403.

[6] 黄文辉,唐书恒,唐修义,等.西北地区侏罗纪煤的煤岩学特征[J].煤田地质与勘探,2010,38(4):1-6.

[7] 张泓,李恒堂,熊存卫,等.中国西北侏罗纪含煤地层与聚煤规律[M].北京:地质出版社,1998.

[8] 王双明,张玉平.鄂尔多斯侏罗纪盆地形成演化和聚煤规律[J].地学前缘,1999(S1):147-155.

[9] 王双明.鄂尔多斯盆地聚煤规律及煤炭资源评价[M].北京:煤炭工业出版社,1996.

[10] 袁三畏.中国煤质论评[M].北京:煤炭工业出版社,1999.

[11] 韩德馨,孙俊民.中国煤的燃烧变质作用与煤层自燃特征[J].中国煤田地质,1998,10(4):15-17.

[12] 王凯.陕北侏罗纪煤氧化自燃特性实验研究[D].西安:西安科技大学,2013.

[13] 王省身,张国枢.矿井火灾防治[M].徐州:中国矿业大学出版社,1990.

[14] 徐精彩.煤自燃危险区域判定理论[M].北京:煤炭工业出版社,2001.

[15] 王继仁,邓存宝.煤微观结构与组分量质差异自燃理论[J].煤炭学报,

2007,32(12):1291-1296.

[16] 陆伟,胡千庭,仲晓星,等.煤自燃逐步自活化反应理论[J].中国矿业大学学报,2007,36(1):111-115.

[17] 李林,BEAMISH B B,姜德义.煤自然活化反应理论[J].煤炭学报,2009,34(4):505-508.

[18] 王德明,辛海会,戚绪尧,等.煤自燃中的各种基元反应及相互关系:煤氧化动力学理论及应用[J].煤炭学报,2014,39(8):1667-1674.

[19] 邓军,文虎,张辛亥,等.煤田火灾防治理论与技术[M].徐州:中国矿业大学出版社,2014.

[20] 邓军,张嬿妮.煤自然发火微观机理[M].徐州:中国矿业大学出版社,2015.

[21] 华宗琪,秦志宏,陈德仁,等.煤结构及煤结构模型的研究进展[J].广州化工,2011,39(15):11-13.

[22] 程君,周安宁,李建伟.煤结构研究进展[J].煤炭转化,2001,24(4):1-6.

[23] 王宝俊,张玉贵,秦育红,等.量子化学计算方法在煤反应性研究中的应用[J].煤炭转化,2003,26(7):1-7.

[24] KREVELEN D W V. Graphical-statistical method for the study of structure and reaction processes of coal[J]. Fuel,1950,29(12):269-284.

[25] GIVEN P H. The distribution of hydroxyl in coal and its relation to coal structure[J]. Fuel,1960,39(2):147-153.

[26] CHUNG K E,ANDERSON L L,WISER W H. Chemical characterization of a HVB coal[J]. American Chemical Society,Division of Fuel Chemistry Preprint,1979,24(3):41-41.

[27] SHINN J H. Towards an understanding of the coal structure[J]. Fuel,1984,63(9):483-497.

[28] OBERLIN A,ENDO M,KOYAMA T. Filamentous growth of carbon through benzene decomposition[J]. Journal of Crystal Growth,1976,32(3):335-349.

[29] 胡荣祖,高胜利,赵凤起,等.热分析动力学[M].北京:科学出版社,2008.

[30] KŌK M V. Recent developments in the application of thermal analysis techniques in fossil fuels[J]. Journal of Thermal Analysis and Calorimetry,2008,91(3):763-773.

[31] OZAWA T. Applicability of Friedman plot[J]. Journal of Thermal Analysis and Calorimetry,1986,31(3):547-551.

[32] ANITA P D,GOKARNA N,DORAISWAMY L K. Investigation into the

compensation effect at catalytic gasification of active charcoal by carbon dioxide[J]. Fuel,1991,70(7):839-848.

[33] 舒新前,葛岭梅.神府煤煤岩组分的结构特征及其差异[J].燃料化学学报, 1996,24(5):426-433.

[34] 刘剑,王继仁,孙宝铮.煤的活化能理论研究[J].煤炭学报,1999,24(3): 316-320.

[35] 何启林,王德明.煤的氧化和热解反应的动力学研究[J].北京科技大学学报,2006,28(1):1-5.

[36] 余明高,郑艳敏,路长.贫烟煤氧化热解反应的动力学分析[J].火灾科学, 2009,18(3):143-147.

[37] 朱红青,郭艾东,屈丽娜.煤热动力学参数、特征温度与挥发分关系的试验研究[J].中国安全科学学报,2012,22(3):55-60.

[38] TEVRUCHT M L E,GRIFFITHS P R. Activation energy of air-oxidized bituminous coals[J]. Energy and Fuels,1989,3(4):522-527.

[39] KELEMEN S R,AFEWORKI M,GORBATY M L,et al. XPS and 15N NMR study of nitrogen forms in carbonaceous solids[J]. Energy and Fuels,2002,16(6):1507-1515.

[40] MARTIN R R,WIENS B,MCLNTYRE N S,et al. SIMS imaging in the study of coal surfaces[J]. Fuel,1986,65(7):1024-1028.

[41] CONTINILLO G,GALIERO G,MAFFETTONE P L,et al. Characterization of chaotic dynamics in the spontaneous combustion of coal stockpiles [J]. Symposium on Combustion,1996,26(1):1585-1592.

[42] KALJUVEE T,TRIKKEL A,PETKOVA V. TG-FTIR/MS analysis of thermal and kinetic characteristics of some coal samples[J]. Journal of Thermal Analysis and Calorimetry,2013,113(3):1063-1071.

[43] 贺敦良,徐精彩.煤炭表面反应热与自燃性探讨[J].煤矿安全,1990(6): 31-36.

[44] 梁运涛,罗海珠.煤低温氧化自热模拟研究[J].煤炭学报,2010,35(6): 956-959.

[45] 李增华,王德明,陆伟,等.煤炭自燃特性研究的加速量热法[J].中国矿业大学学报,2003,32(6):612-614.

[46] 傅智敏,黄金印,钱新明,等.加速量热仪在物质热稳定性研究中的应用 [J].火灾科学,2001,10(3):149-153.

[47] 赵彤宇,王刚,于贵生,等.煤自燃危险性测试技术条件热力学参数的实验分析[J].煤矿安全,2010,41(7):16-18.

［48］张卫亮,梁运涛.差式扫描量热法在褐煤最易自燃临界水分试验中的应用[J].煤矿安全,2008,39(7):9-10.

［49］潘乐书,杨永刚.基于量热分析煤低温氧化中活化能研究[J].煤炭工程,2013,45(6):102-105.

［50］石婷,邓军,王小芳,等.煤自燃初期的反应机理研究[J].燃料化学学报,2004,32(6):652-657.

［51］王宝俊,张玉贵.量子化学计算方法在煤反应性研究中的应用[J].煤炭转化,2003,26(7):1-7.

［52］邓存宝.煤的自燃机理及自燃性危险指数研究[D].阜新:辽宁工程技术大学,2006.

［53］戚绪尧.煤中活性基团的氧化及自反应过程[D].徐州:中国矿业大学,2011.

［54］MARZEC A. New structural concept for carbonized coals[J]. Energy and Fuel,1997,11(4):837-842.

［55］PAINTER P C,SNYDER R W,STARSINIC M, et al. Concerning the application of FTIR to the study of coal:a critical assessment of band assignments and the application of spectral analysis programs [J]. Journal of Applied Spectroscopy,1981,35(5):475-485.

［56］PETERSEN H I. The petroleum generation potential and effective oil window of humic coals related to coal composition and age[J]. International Journal of Coal Geology,2006,67(4):221-248.

［57］CERNY J. Structural dependence of CH bond absorptivities and consequences for FTIR analysis of coals[J]. Fuel,1996,75(11):1301-1306.

［58］CAROL A R,PAINTER P C,GIVEN P H. FTIR studies of the contributions of plant polymers to coal formation[J]. International Journal of Coal Geology,1987,8(1):69-83.

［59］BRAIN M L,LANCASTER L L,MACPHEET J A. Carbonyl groups from chemically and thermally promoted decomposition of peroxides on coal surfaces:Detection of specific types using photoacoustic infrared fourier transform spectroscopy[J]. Fuel,1987,66(7):979-983.

［60］TOOKE P B,GRINT A. Fourier transform infrared studies of coal[J]. Fuel,1983,62(9):1003-1008.

［61］RHOADS C A,SENFTLE J T,COLEMAN M M,et al. Further studies of coal oxidation[J]. Fuel,1983,62(12):1387-1392.

［62］ADAMS W N,GAINES A F,GREGORY D H,et al. Smoke Emission of

Low-Temperature Chars[J]. Nature,1959,183(4653):33.

[63] 董庆年,陈学艺,靳国强,等.红外发射光谱法原位研究褐煤的低温氧化过程[J].燃料化学学报,1997,25(4):333-338.

[64] 朱学栋,朱子彬,韩崇家,等.煤中含氧官能团的红外光谱定量分析[J].燃料化学学报,1999,27(4):335-338.

[65] 张国枢,谢应明,顾建明.煤炭自燃微观结构变化的红外光谱分析[J].煤炭学报,2003,28(5):474-476.

[66] 陆伟,胡千庭.煤低温氧化结构变化规律与煤自燃过程之间的关系[J].煤炭学报,2007,32(9):939-944.

[67] 褚廷湘,杨胜强,孙燕.煤的低温氧化实验及红外光谱分析[J].中国安全科学学报,2008,18(1):171-176.

[68] 季伟,吴国光,孟献梁.神府煤孔隙特征及活性结构对自燃的影响研究[J].煤炭技术,2011,30(4):87-90.

[69] 葛岭梅,李建伟.神府煤低温氧化过程中官能团结构演变[J].西安科技学院学报,2003,23(2):187-190.

[70] 辛海会,王德明,许涛.低阶煤低温热反应特性的原位红外研究[J].煤炭学报,2011,36(9):1528-1532.

[71] 杨永良,李增华,尹文宣.易自燃煤漫反射红外光谱特征[J].煤炭学报,2007,32(7):729-733.

[72] 王继仁,金智新,邓存宝.煤自燃量子化学理论[M].北京:科学出版社,2007.

[73] ZHANG J C,HOU J X. Entrained-flow pressurized coal gasification simulation and parameters optimization based on ChemCAD[J]. Journal of China Coal Society,2011,36(7):1189-1194.

[74] STRAKA P,NÁHUNKOVÁ J. Thermal reactions of polyethylene with coal (TG/DSC approach) [J]. Journal of Thermal Analysis and Calorimetry,2004,76(1):49-53.

[75] 张嬿妮.煤氧化自燃微观特征及其宏观表征研究[D].西安:西安科技大学,2012.

[76] 邓聚龙.灰色理论基础[M].武汉:华中科技大学出版社,2002.

[77] 鲁峰,黄金泉.基于灰色关联聚类的特征提取算法[J].系统工程理论与实践,2012,32(4):872-876.

[78] JUN DENG,KAI WANG,YANNI ZHANG,et al. Study on the kinetics and reactivity at the ignition temperature of Jurassic coal in North Shaanxi[J]. Journal of Thermal Analysis and Calorimetry,2014,118(10):417-423.

附录　陕北侏罗纪煤氧化动力学结果

附表 1　黄陵煤样不同升温速率下水分蒸发及气体脱附失重阶段动力学结果

升温速率 /(℃/min)	函数号	普适积分法			微分方程法		
		活化能 /(kJ/mol)	指前因子 lg A/s^{-1}	相关性系数	活化能 /(kJ/mol)	指前因子 lg A/s^{-1}	相关性系数
5	27	34.528 1	22.382 39	0.991 506	34.962 2	22.224 22	0.982 656
	18	64.124 8	7.096 27	0.987 869	61.629 7	6.792 50	0.988 292
	19	99.019 5	12.361 60	0.988 025	96.773 1	12.026 70	0.988 292
	20	133.914 0	17.577 30	0.988 097	131.917 0	17.257 80	0.988 292
	6	56.727 7	4.849 31	0.984 131	54.179 8	4.564 02	0.985 424
	4	53.363 9	4.609 91	0.981 063	50.792 1	4.335 23	0.983 069
	7	52.136 7	4.042 19	0.979 549	49.556 1	3.771 78	0.981 911
	2	49.889 9	4.299 14	0.976 422	47.293 3	4.037 15	0.979 535
15	27	35.318 7	22.363 88	0.991 051	35.981 5	22.262 12	0.981 155
	18	60.259 8	6.857 79	0.988 266	57.800 4	6.572 51	0.988 684
	19	93.253 4	11.781 80	0.988 421	91.029 2	11.457 40	0.988 684
	20	126.247 0	16.656 30	0.988 493	124.258 0	16.341 00	0.988 684
	6	53.255 6	4.681 71	0.984 246	50.746 3	4.416 89	0.985 645
	4	50.069 3	4.474 38	0.980 974	47.537 3	4.221 12	0.983 176
	7	48.907 0	3.918 40	0.979 379	46.366 7	3.669 76	0.981 977
	2	46.778 5	4.196 73	0.976 070	44.223 0	3.957 19	0.979 511
20	27	34.744 7	21.924 06	0.995 543	36.611 0	22.280 38	0.981 609
	18	67.392 4	7.187 63	0.988 151	60.030 5	6.909 25	0.988 619
	19	96.493 2	12.213 30	0.988 324	94.374 3	11.900 50	0.988 619
	20	130.594 0	17.189 40	0.988 404	128.716 0	16.889 50	0.988 619
	6	55.120 6	4.984 87	0.983 500	52.706 8	4.725 87	0.985 047
	4	51.813 7	4.765 55	0.979 911	49.376 4	4.517 61	0.982 315
	7	50.607 2	4.205 14	0.978 185	48.161 2	3.961 64	0.981 007
	2	48.398 2	4.475 47	0.974 637	45.936 4	4.240 71	0.978 341

附表 2　　　黄陵煤样不同升温速率下吸氧增重阶段动力学结果

升温速率 /(℃/min)	函数号	普适积分法			微分方程法		
		活化能 /(kJ/mol)	指前因子 lg A/s^{-1}	相关性系数	活化能 /(kJ/mol)	指前因子 lg A/s^{-1}	相关性系数
10	19	100.689 0	29.283 51	0.993 210	102.802 0	28.828 90	0.993 780
	20	202.803 0	29.250 30	0.993 359	201.288 0	29.010 10	0.993 780
	6	84.254 7	9.801 84	0.982 416	81.894 1	9.469 59	0.984 770
	4	77.969 2	9.088 07	0.975 238	75.563 8	8.761 14	0.978 700
	7	75.634 2	8.340 21	0.971 757	0.732 121	8.015 86	0.975 772
	2	71.485 6	8.287 54	0.964 989	69.033 9	7.968 71	0.970 130
	1	62.231 4	6.996 56	0.947 999	59.713 8	6.695 07	0.956 316
	27	62.231 4	6.996 56	0.947 999	59.713 8	6.695 07	0.956 316
	41	87.454 6	12.590 10	0.931 058	85.116 0	12.256 00	0.937 988
15	19	99.596 4	27.328 32	0.974 517	101.497 3	27.085 66	0.979 367
	20	88.146 6	10.783 70	0.975 858	86.215 4	10.513 80	0.979 367
	9	48.915 8	4.253 54	0.985 606	46.705 0	4.057 11	0.989 191
	18	41.046 1	3.825 14	0.971 528	38.779 1	3.666 66	0.979 367
	41	37.702 3	4.484 80	0.951 532	35.411 5	4.346 77	0.961 314
	6	34.330 2	1.674 38	0.949 490	32.015 4	1.560 27	0.961 633
20	19	101.682 2	30.231 60	0.987 175	102.171 1	29.014 10	0.989 262
	20	121.730 0	14.587 30	0.987 742	120.447 0	14.375 50	0.989 262
	41	51.816 2	6.175 850	0.940 219	50.035 2	6.019 23	0.950 348
	18	57.634 5	5.826 79	0.985 939	55.895 0	5.652 31	0.989 262
	6	48.684 6	3.445 21	0.970 265	46.881 3	3.300 19	0.977 733
	4	44.765 5	3.165 80	0.960 103	42.934 2	3.037 66	0.970 492

附表 3　　　建新煤样不同升温速率下水分蒸发及气体脱附失重阶段动力学结果

升温速率 /(℃/min)	函数号	普适积分法			微分方程法		
		活化能 /(kJ/mol)	指前因子 lg A/s^{-1}	相关性系数	活化能 /(kJ/mol)	指前因子 lg A/s^{-1}	相关性系数
5	4	130.451	10.082 40	0.997 211	131.181	10.101 60	0.997 608
	7	127.122	9.356 05	0.996 415	127.829	9.372 64	0.996 927
	2	121.017	9.320 98	0.994 655	121.68	9.333 28	0.995 428
	37	112.629	9.340 11	0.991 164	113.232	9.347 71	0.992 194

升温速率 /(℃/min)	函数号	普适积分法			微分方程法		
		活化能 /(kJ/mol)	指前因子 lg A/s⁻¹	相关性系数	活化能 /(kJ/mol)	指前因子 lg A/s⁻¹	相关性系数
5	1	106.436	7.965 12	0.989 051	106.995	7.970 30	0.990 744
	27	41.836	12.965 12	0.989 051	42.995	12.970 30	0.990 744
	41	118.822	10.714 00	0.934 805	119.469	10.724 90	0.940 286
	8	93.965 3	5.551 59	0.985 227	94.435 8	5.555 15	0.987 728
	26	77.727 4	5.048 47	0.988 382	78.082 1	5.058 68	0.990 744
10	27	43.168	12.717 04	0.997 48	43.069	12.752 92	0.997 767
	1	124.168	9.717 04	0.997 48	125.069	9.752 92	0.997 767
	2	140.102	11.157 10	0.995 891	141.118	11.206 40	0.996 288
	7	146.719	11.221 90	0.994 743	147.781	11.277 90	0.995 230
	4	150.315	11.963 40	0.993 997	151.403	12.023 20	0.994 543
	6	160.198	12.681 60	0.991 794	161.357	11.216 80	0.992 506
	8	110.159	7.192 70	0.997 892	110.961	7.220 52	0.998 181
	26	90.972 5	6.447 49	0.997 37	91.637 7	6.472 43	0.997 767
	37	126.335	10.654 50	0.959 045	127.252	11.631 10	0.963 576
	41	128.503	11.591 90	0.871 707	129.436	4.852 63	0.884 359
	20	372.228	34.949 00	0.986 545	374.898	35.354 10	0.987 078
15	4	139.105	10.840 70	0.997 466	140.267	10.904 80	0.997 824
	7	135.562	10.107 50	0.996 69	136.699	10.168 40	0.997 158
	2	129.064	10.060 10	0.994 97	130.155	10.115 40	0.995 687
	37	120.087	10.057 10	0.991 094	121.113	10.106 00	0.992 114
	1	113.543	8.674 39	0.989 469	114.523	8.719 53	0.991 068
	27	43.543	12.674 39	0.989 469	44.523	8.719 53	0.991 068
	8	100.267	6.235 11	0.985 729	101.152	6.275 79	0.988 103
	41	126.630	11.438 70	0.934 481	127.703	11.492 10	0.941 664
20	27	42.073	12.163 70	0.993 258	42.374	11.239 60	0.994 200
	8	115.059	7.587 84	0.990 382	116.253	7.653 36	0.991 850
	37	136.571	11.524 10	0.987 53	137.918	11.605 60	0.988 857
	41	143.069	12.883 60	0.925 704	144.462	12.971 40	0.933 091
	28	83.244 5	5.326 16	0.999 878	84.211 6	5.388 54	0.999 907

升温速率 /(℃/min)	函数号	普适积分法			微分方程法		
		活化能 /(kJ/mol)	指前因子 lg A/s⁻¹	相关性系数	活化能 /(kJ/mol)	指前因子 lg A/s⁻¹	相关性系数
20	29	80.386 3	5.147 18	0.999 711	81.333	5.211 08	0.999 791
	30	80.386 3	5.624 30	0.999 711	81.333	5.688 21	0.999 791
	31	74.930 2	4.741 41	0.998 871	75.838	4.809 40	0.999 164
	4	158.827	12.577 80	0.999 031	160.333	12.682 70	0.999 164
	19	294.978	26.590 00	0.999 472	297.454	26.900 20	0.999 489

附表 4　建新煤样不同升温速率下吸氧增重阶段动力学结果

升温速率 /(℃/min)	函数号	普适积分法			微分方程法		
		活化能 /(kJ/mol)	指前因子 lg A/s⁻¹	相关性系数	活化能 /(kJ/mol)	指前因子 lg A/s⁻¹	相关性系数
5	17	117.588	9.577 73	0.999 725	118.227	9.587 93	0.999 760
	18	159.584	13.951 50	0.999 735	160.522	14.000 10	0.999 760
	19	243.575	22.626 70	0.999 744	245.112	22.795 20	0.999 760
	20	327.566	31.251 20	0.999 748	329.701	31.558 40	0.999 760
	6	139.573	10.756 30	0.998 666	140.368	10.783 60	0.998 857
	9	181.979	15.492 40	0.998 602	183.077	15.569 30	0.998 689
	16	86.592 8	25.155 05	0.999 704	86.332 4	25.967 09	0.999 760
	28	67.977 4	3.681 32	0.999 01	68.262 7	3.702 16	0.999 281
	29	65.587 4	3.531 59	0.998 432	65.855 6	3.556 01	0.998 857
10	16	87.597 5	26.329 22	0.984 716	87.231 5	25.752 6	0.987 078
	17	134.203	11.172 80	0.985 575	135.176	16.065 7	0.987 078
	18	181.808	15.967 20	0.985 976	183.12	25.728 2	0.987 078
	19	277.018	25.483 50	0.986 36	279.009	17.733 3	0.987 078
	9	205.904	17.601 00	0.978 614	207.388	10.692 0	0.980 122
	29	75.793	4.661 57	0.990 964	76.349 9	5.171 14	0.992 506
	30	75.793	5.138 69	0.990 964	76.349 9	4.327 65	0.992 506
	31	70.851 4	4.290 15	0.993 354	71.373 1	4.327 65	0.994 543
	28	78.378	4.822 24	0.989 576	78.953 4	4.852 63	0.991 312
	32	70.851 4	4.591 18	0.993 354	71.373 1	4.628 68	0.994 543

续附表 4

升温速率 /(℃/min)	函数号	普适积分法			微分方程法		
		活化能 /(kJ/mol)	指前因子 lg A/s^{-1}	相关性 系数	活化能 /(kJ/mol)	指前因子 lg A/s^{-1}	相关性 系数
15	17	125.392	10.307 5	0.999 851	126.457	10.360 1	0.999 868
	18	170.112	14.768 9	0.999 856	171.495	14.867 8	0.999 868
	19	259.550	23.619 2	0.999 86	261.57	23.851 0	0.999 868
	20	348.988	32.418 8	0.999 862	351.646	32.800 1	0.999 868
	6	148.814	11.533 1	0.998 873	150.045	11.607 1	0.999 037
	9	193.946	16.355	0.998 648	195.499	16.486 0	0.998 729
	16	87.673 2	25.797 15	0.999 84	85.418 7	25.841 68	0.999 868
	28	72.568 3	4.307 93	0.999 223	73.255 9	4.359 17	0.999 442
	29	70.024 5	4.153 32	0.998 674	70.694	4.207 46	0.999 037
	30	70.024 5	4.630 44	0.998 674	70.694	4.684 58	0.999 037
20	6	169.740	13.363 5	0.999 754	171.323	13.481 8	0.999 791
	16	87.347 8	26.892 7	0.999 434	86.979 8	26.952 56	0.999 489
	17	143.005	11.872 3	0.999 454	144.398	11.960 0	0.999 489
	18	193.663	16.802 4	0.999 463	195.417	16.952 9	0.999 489
	7	154.848	11.810 8	0.998 546	156.325	11.911 2	0.998 742
	2	147.544	11.700 9	0.997 375	148.969	11.793 3	0.997 726
	9	220.418	18.614 4	0.997 115	222.363	18.804 4	0.997 291
	26	95.313 4	6.853 72	0.992 897	96.366 5	6.913 44	0.994 200
	1	130.073	10.163 7	0.993 258	131.374	10.239 6	0.994 200

附表 5　榆阳煤样不同升温速率下水分蒸发及气体脱附失重阶段动力学结果

升温速率 /(℃/min)	函数号	普适积分法			微分方程法		
		活化能 /(kJ/mol)	指前因子 lg A/s^{-1}	相关性 系数	活化能 /(kJ/mol)	指前因子 lg A/s^{-1}	相关性 系数
10	9	115.291 0	15.013 10	0.997 746	113.152 0	14.679 50	0.997 992
	37	44.843 0	13.798 52	0.993 455	42.415 3	14.475 13	0.994 193
	17	72.516 5	9.100 45	0.992 569	70.072 2	8.780 13	0.993 780
	18	98.573 9	13.169 40	0.992 899	96.315 4	12.832 20	0.993 780
	8	55.003 5	4.753 26	0.938 267	52.434 4	4.471 45	0.949 065
	16	46.459 1	4.982 93	0.991 844	43.829 1	4.733 92	0.993 780

续附表 5

升温速率 /(℃/min)	函数号	普适积分法			微分方程法		
		活化能 /(kJ/mol)	指前因子 lg A/s⁻¹	相关性 系数	活化能 /(kJ/mol)	指前因子 lg A/s⁻¹	相关性 系数
10	26	45.259 6	4.426 80	0.944 740	42.621 0	4.183 43	0.956 316
	28	40.978 1	3.435 51	0.983 239	38.309 0	3.214 84	0.987 442
	36	40.899 5	4.670 49	0.922 878	38.229 8	4.450 27	0.937 988
	30	39.299 5	3.746 50	0.979 534	36.618 4	3.535 94	0.984 770
	29	39.299 5	3.269 38	0.979 534	36.618 4	3.058 82	0.984 770
	32	36.156 8	3.199 25	0.970 949	33.453 3	3.009 82	0.978 700
	31	36.156 8	2.898 25	0.970 949	33.453 3	2.708 79	0.978 700
	15	33.430 4	2.891 46	0.991 021	30.707 5	2.722 89	0.993 780
	14	29.087 5	2.186 86	0.990 567	26.333 4	2.057 57	0.993 780
	25	28.287 8	1.813 48	0.937 317	25.528 3	1.692 35	0.956 316
	13	20.401 7	0.764 728	0.989 006	17.585 9	0.744 259	0.993 780
15	4	31.392 7	1.496 81	0.935 676	29.056 9	1.406 76	0.955 768
	37	42.889 1	12.625 89	0.993 115	42.549 8	12.540 29	0.995 042
	7	30.299 0	0.947 8 94	0.929 198	27.955 4	0.867 657	0.951 652
	17	29.270 9	2.042 51	0.968 061	26.920 0	1.971 96	0.979 367
	2	28.362 0	1.249 86	0.916 742	26.004 6	1.188 29	0.943 909
	1	24.075 9	0.757 104	0.885 427	21.688 0	0.743 512	0.925 636
	27	24.075 9	0.757 104	0.885 427	21.688 0	0.743 512	0.925 636
20	9	68.110 3	6.523 60	0.994 926	66.445 5	6.326 59	0.996 066
	37	43.400 5	14.177 04	0.996 230	41.559 5	14.055 47	0.996 854
	7	43.307 7	2.579 11	0.955 242	41.466 1	2.458 00	0.967 058
	17	41.610 7	3.590 77	0.984 547	39.756 9	3.478 40	0.989 262
	2	40.723 2	2.813 65	0.945 879	38.863 1	4.706 12	0.960 557
	1	34.984 8	2.167 97	0.922 478	33.083 8	2.096 55	0.945 102
	27	34.984 8	2.167 97	0.922 478	33.083 8	2.096 55	0.945 102
	8	30.544 5	0.435 931	0.908 203	28.611 9	0.399 374	0.937 237
	16	25.586 9	1.315 89	0.981 189	23.618 9	1.327 36	0.989 262
	26	24.623 4	0.811 896	0.912 238	22.648 6	0.834 006	0.945 102
	36	22.677 7	1.476 92	0.926 253	20.689 0	1.521 93	0.950 348
	28	22.159 9	0.152 351	0.965 620	20.167 5	0.203 79	0.981 016
	30	21.111 9	0.581 969	0.959 144	19.112 0	0.646 84	0.977 733
	29	21.111 9	0.104 847	0.959 144	19.112 0	0.169 719	0.977 733
	32	19.152 3	0.258 83	0.944 294	17.138 5	0.350 325	0.970 492

附表 6 榆阳煤样不同升温速率下吸氧增重阶段动力学结果

升温速率/(℃/min)	函数号	普适积分法			微分方程法		
		活化能/(kJ/mol)	指前因子 log A/s⁻¹	相关性系数	活化能/(kJ/mol)	指前因子 lg A/s⁻¹	相关性系数
	17	111.709	9.011 49	0.999 072	112.311	9.019 00	0.999 192
	18	151.746	13.203 30	0.999 104	152.634	13.243 40	0.999 192
	6	86.928	28.027 60	0.998 798	86.674	28.048 40	0.998 957
	19	231.821	21.514 80	0.999 135	233.279	21.665 10	0.999 192
5	4	122.805	9.352 50	0.998 145	123.486	9.366 31	0.998 409
	7	311.895	29.775 70	0.999 150	120.151	8.639 22	0.998 093
	20	119.493	8.627 56	0.997 769	313.924	30.156 80	0.999 192
	9	173.678	14.694 40	0.998 301	174.722	14.760 70	0.998 434
	2	113.367	8.589 26	0.996 895	113.981	8.597 54	0.997 361
	1	98.473	7.195 18	0.993 836	98.980 8	7.199 10	0.994 852
	18	97.905 8	7.572 03	0.998 372	98.539 9	7.589 22	0.998 541
	19	151.125	13.010 40	0.998 433	152.138	13.063 40	0.998 541
	20	204.344	18.399 10	0.998 461	205.737	18.521 50	0.998 541
	9	112.336	8.260 58	0.996 165	113.073	8.281 81	0.996 571
10	41	73.898 6	6.023 85	0.950 131	74.361 5	6.050 85	0.958 800
	4	78.849	4.779 23	0.999 750	79.347 3	4.801 99	0.999 793
	7	76.668 3	4.175 48	0.999 704	77.151 0	4.199 94	0.999 771
	6	84.858 5	29.120 99	0.999 601	85.399 6	29.140 33	0.999 636
	2	72.632 6	4.361 19	0.999 450	73.086 6	4.389 50	0.999 598
	16	111.818	9.011 64	0.999 775	112.825	9.059 49	0.999 816
	17	172.129	15.068 90	0.999 789	173.565	15.174 00	0.999 816
	18	232.440	21.076 20	0.999 796	234.306	21.268 30	0.999 816
	9	265.670	23.580 70	0.999 743	267.773	23.826 00	0.999 755
	28	100.414	7.197 62	0.999 013	101.339	7.241 86	0.999 193
15	30	96.813 5	7.415 78	0.998 583	97.712 9	7.459 66	0.998 843
	19	353.062	33.017 50	0.999 803	355.788	33.409 20	0.999 816
	29	96.813 5	6.938 66	0.998 583	97.712 9	6.982 54	0.998 843
	32	89.910	6.677 86	0.997 428	90.760 1	6.722 26	0.997 915
	31	89.910	6.376 83	0.997 428	90.760 1	6.421 23	0.997 915
	6	82.431	26.986 30	0.998 722	84.083 0	27.133 00	0.998 843

续附表 6

升温速率 /(℃/min)	函数号	普适积分法			微分方程法		
		活化能 /(kJ/mol)	指前因子 log A/s⁻¹	相关性 系数	活化能 /(kJ/mol)	指前因子 lg A/s⁻¹	相关性 系数
15	4	188.624	15.890 90	0.997 689	190.178	16.018 00	0.997 915
	37	166.370	14.751 20	0.997 163	167.765	14.849 00	0.997 410
	7	183.609	15.013 20	0.997 156	185.127	15.133 40	0.997 438
	2	174.337	14.692 70	0.996 000	175.789	14.800 60	0.996 409
	26	111.668	8.680 04	0.992 023	112.673	8.727 83	0.993 209
	1	151.825	12.615 20	0.992 346	153.113	12.696 00	0.993 209
20	15	94.544 6	7.096 72	0.999 315	95.703 3	7.166 91	0.999 449
	9	305.432	26.761 90	0.999 764	308.094	27.100 10	0.999 777
	16	129.085	10.492 10	0.999 352	130.490	10.577 70	0.999 449
	17	198.166	17.211 60	0.999 387	200.064	17.379 10	0.999 449
	18	267.248	23.880 80	0.999 403	269.638	24.155 60	0.999 449
	28	115.983	8.548 88	0.998 237	117.295	24.155 6	0.998 513
	29	111.847	8.249 17	0.997 685	113.129	8.625 42	0.998 054
	30	111.847	8.726 29	0.997 685	113.129	8.800 69	0.998 054
	31	103.918	7.609 25	0.996 840	105.143	8.323 57	0.996 903
	32	103.918	7.910 28	0.996 284	105.143	7.981 71	0.996 903
	37	191.781	16.851 30	0.997 933	193.633	7.680 68	0.998 096
	6	85.772	29.451 50	0.997 880	84.916	27.909 70	0.998 054
	4	216.916	18.200 30	0.996 613	218.944	19.671 10	0.996 903
	7	211.152	17.265 90	0.995 983	213.142	18.395 50	0.996 332
	2	200.503	16.840 70	0.994 644	202.417	17.452 40	0.995 127
	26	128.725	10.140 30	0.990 191	130.127	17.011 60	0.991 491
	1	174.659	14.510 40	0.990 542	176.389	14.645 60	0.991 491

附表7　　　　柠条塔煤样不同升温速率下水分蒸发及气体

脱附失重阶段动力学结果

升温速率 /(℃/min)	函数号	普适积分法			微分方程法		
		活化能 /(kJ/mol)	指前因子 lg A/s⁻¹	相关性 系数	活化能 /(kJ/mol)	指前因子 lg A/s⁻¹	相关性 系数
5	17	46.677 4	4.428 92	0.997 697	44.058 0	4.180 47	0.998 292
	1	44.530 6	3.644 19	0.977 396	41.895 8	3.405 88	0.982 845
	27	44.530 6	3.644 19	0.977 396	41.895 8	3.405 88	0.982 845
	37	42.983 7	4.152 39	0.991 787	40.337 9	3.921 99	0.993 080
	41	41.436 8	4.660 21	0.904 667	38.780 0	4.438 27	0.922 266
	8	39.777 5	1.807 53	0.970 852	37.108 9	1.595 32	0.978 387
	26	31.981 8	1.809 02	0.975 074	29.257 6	1.653 53	0.982 845
	16	29.230 1	69.992 2	0.997 291	26.468 2	1.587 94	0.998 292
15	17	43.763 0	4.361 54	0.998 091	41.186 0	4.136 38	0.998 684
	1	41.697 6	3.592 26	0.976 414	39.105 9	3.378 09	0.982 495
	27	41.697 6	3.592 26	0.976 413	39.105 9	3.378 09	0.982 495
	37	40.279 8	4.122 81	0.992 407	37.678 0	3.916 77	0.993 670
	41	38.861 9	4.653 01	0.905 085	36.250 0	4.455 63	0.923 748
	8	37.190 8	1.800 34	0.969 180	34.566 9	1.613 88	0.977 672
	26	29.841 4	1.882 44	0.973 773	27.165 1	1.755 14	0.982 495
	16	27.266 2	1.823 21	0.997 673	24.571 6	1.721 94	0.998 684
	28	24.599 7	0.742 64	0.994 029	21.886 2	0.671 985	0.996 646
20	17	45.342 1	4.640 39	0.997 957	42.858 5	4.419 19	0.998 619
	1	43.129 8	3.852 54	0.974 436	40.630 5	3.642 31	0.980 875
	27	43.129 8	3.852 54	0.974 436	40.630 5	3.642 31	0.980 875
	37	41.811 5	4.401 80	0.994 153	39.302 9	4.198 62	0.995 058
	41	40.493 3	4.950 78	0.910 794	37.975 2	4.755 06	0.928 032

附表 8　柠条塔煤样不同升温速率下吸氧增重阶段动力学结果

升温速率 /(℃/min)	函数号	普适积分法			微分方程法		
		活化能 /(kJ/mol)	指前因子 lg A/s⁻¹	相关性系数	活化能 /(kJ/mol)	指前因子 lg A/s⁻¹	相关性系数
5	37	131.635 0	11.747 50	0.996 452	132.042 0	11.732 70	0.996 838
	16	99.586 4	8.033 44	0.991 007	99.764 8	8.002 54	0.992 411
	9	226.972 0	20.874 30	0.994 968	228.058 0	20.981 50	0.995 339
	28	92.738 3	6.631 77	0.987 053	92.867 9	60.600 99	0.989 176
	17	153.414 0	13.826 90	0.991 513	153.976	13.833 40	0.992 411
	30	90.560 2	6.978 93	0.985 482	90.674 3	6.948 53	0.987 900
	29	90.560 2	6.501 81	0.985 482	90.674 3	6.471 41	0.987 900
	32	86.359 2	6.486 42	0.981 963	86.443 3	6.457 32	0.985 062
	31	86.359 2	6.185 39	0.981 963	86.443 3	6.156 29	0.985 062
15	16	92.352 6	7.266 88	0.997 007	92.799 3	7.269 2	0.997 575
	9	211.161	18.666 9	0.998 609	212.454	18.784 0	0.998 728
	17	142.722	12.468 7	0.997 214	143.528	12.497 6	0.997 575
	37	121.676	10.557 9	0.996 548	122.332	10.569 3	0.996 917
	18	193.091	17.620 8	0.997 311	194.256	17.711 8	0.997 575
	30	84.076 7	6.329 99	0.993 612	84.464 4	6.334 75	0.994 875
	19	293.829	27.852 4	0.997 403	195.712	28.101 7	0.997 575
	6	176.539	14.828 6	0.994 280	177.586	14.897 0	0.994 875
	4	168.828	14.322 2	0.992 120	169.820	14.380 7	0.992 943
	7	166.061	13.662 2	0.991 153	167.034	13.717 3	0.992 084
	2	160.886	13.738 6	0.989 148	161.822	13.787 5	0.990 308
	26	108.808	8.663 0	0.982 377	109.372	8.667 61	0.984 982
	27	147.873	12.582 5	0.983 084	148.716	12.616 7	0.984 982
	1	147.873	12.582 5	0.983 084	148.716	12.616 7	0.984 982
	8	134.871	10.146 2	0.977 603	135.621	10.167 8	0.980 284
	41	95.478 3	8.516 08	0.917 42	95.947 3	8.518 18	0.928 411
20	37	141.244	12.534 3	0.998 134	142.178	12.576 0	0.998 310
	9	243.873	21.842 7	0.998 353	245.539	22.024 7	0.998 486
	16	107.188	8.805 42	0.995 775	107.879	8.823 56	0.996 468
	17	165.043	14.692 0	0.996 025	166.147	14.760 1	0.996 468
	28	99.905 4	7.400 14	0.992 705	100.545	7.416 54	0.993 938

续附表 8

升温速率 /(℃/min)	函数号	普适积分法			微分方程法		
		活化能 /(kJ/mol)	指前因子 lg A/s⁻¹	相关性 系数	活化能 /(kJ/mol)	指前因子 lg A/s⁻¹	相关性 系数
20	30	97.588 7	7.746 1	0.991 437	98.211 7	7.762 28	0.992 901
	29	97.588 7	7.268 98	0.991 437	98.211 7	7.285 15	0.992 901
	18	222.899	20.528 7	0.996 143	224.416	20.677 8	0.996 468
	32	93.119 4	7.251 21	0.988 534	93.710 6	7.267 46	0.990 541
	31	93.119 4	6.950 18	0.988 534	93.710 6	6.966 43	0.990 541
	19	338.611	32.128 9	0.996 256	340.952	32.467 8	0.996 468
	6	203.701	17.492 3	0.992 216	205.081	17.612 7	0.992 910
	4	194.763	16.872 8	0.989 604	196.078	16.980 3	0.990 541
	7	194.554	16.172 0	0.988 462	192.847	16.275 0	0.989 510
	2	185.556	16.172 4	0.986 135	186.806	16.267 1	0.987 419
	26	125.741	10.389 0	0.978 584	126.565	10.417 3	0.981 343

附表 9 **张家峁煤样不同升温速率下水分蒸发及气体**
脱附失重阶段动力学结果

升温速率 /(℃/min)	函数号	普适积分法			微分方程法		
		活化能 /(kJ/mol)	指前因子 lg A/s⁻¹	相关性 系数	活化能 /(kJ/mol)	指前因子 lg A/s⁻¹	相关性 系数
5	27	40.473 0	17.195 18	0.993 836	41.980 8	17.199 10	0.994 852
	37	107.661 0	8.843 15	0.994 126	108.234	8.849 06	0.994 862
	41	116.848 0	10.488 50	0.964 716	117.487	10.498 60	0.968 894
	8	85.773 8	4.747 94	0.991 704	86.191 2	4.753 73	0.993 225
	26	71.753 9	4.463 68	0.993 435	72.071 3	4.480 02	0.994 852
	16	71.671 4	4.770 98	0.999 000	71.988 2	4.787 41	0.999 192
	28	61.140 8	3.305 50	0.998 841	64.403 9	3.332 50	0.999 120
	29	61.762 3	3.156 39	0.998 604	62.008 5	3.187 85	0.998 957
	30	61.762 6	3.633 51	0.998 604	62.008 5	3.664 97	0.998 957
	31	57.201 0	2.805 48	0.997 817	57.414 6	2.846 61	0.998 409

升温速率 /(℃/min)	函数号	普适积分法			微分方程法		
		活化能 /(kJ/mol)	指前因子 lg A/s^{-1}	相关性系数	活化能 /(kJ/mol)	指前因子 lg A/s^{-1}	相关性系数
10	17	71.296 2	4.818 06	0.998 307	71.740 6	4.847 87	0.998 541
	37	68.352 3	4.768 16	0.988 946	68.775 7	4.801 71	0.990 945
	1	62.806 0	3.510 56	0.997 903	63.189 9	3.552 79	0.998 494
	27	41.806 0	13.510 56	0.997 903	41.189 9	13.552 79	0.998 494
	8	54.378 9	1.522 26	0.996 612	54.702 7	1.582 84	0.997 644
	26	44.971 3	1.734 89	0.997 612	45.228 1	1.825 36	0.998 494
	16	44.686 6	2.020 20	0.998 159	44.941 4	2.111 76	0.998 541
15	27	41.825 0	15.615 20	0.992 346	43.117 0	15.696 00	0.993 209
	8	137.697 0	9.591 83	0.990 034	133.852 0	9.653 75	0.991 293
	20	473.684 0	44.908 00	0.999 806	177.270 0	45.504 10	0.999 816
	36	89.055 4	6.865 20	0.969 900	86.878 0	6.910 69	0.974 858
	41	180.914 0	16.884 20	0.972 548	182.413 0	17.000 80	0.974 858
	15	81.662 8	5.947 72	0.999 758	82.454 1	5.995 22	0.999 816
	14	71.610 9	4.917 66	0.999 749	72.330 6	4.973 48	0.999 816
	25	71.510 7	4.696 43	0.991 317	72.229 7	4.752 36	0.993 209
	13	51.507 3	2.838 13	0.999 721	52.083 7	2.932 35	0.999 816
	5	44.004 9	1.777 26	0.998 235	44.527 8	1.896 70	0.998 843
	33	43.982 7	1.973 65	0.964 576	44.505 5	2.093 18	0.975 316
20	27	44.659 0	14.510 40	0.990 542	46.389 0	14.645 60	0.991 491
	19	405.410 0	37.145 90	0.999 419	408.785 0	37.653 60	0.999 449
	20	543.573 0	50.360 10	0.999 427	547.932 0	51.099 70	0.999 449
	8	152.741 0	11.276 00	0.987 990	154.314 0	11.384 60	0.989 341
	36	99.913 1	8.096 10	0.973 577	101.110 0	8.166 66	0.977 525
	41	208.904 0	19.189 20	0.975 672	210.877 0	19.372 30	0.977 525
	14	83.031 0	5.956 01	0.999 295	84.107 7	6.028 90	0.999 449
	25	82.790 8	5.721 10	0.989 432	83.865 8	5.794 11	0.991 491
	13	60.004 0	3.654 40	0.999 231	60.916 5	3.753 42	0.999 449
	5	51.385 0	2.507 39	0.997 210	52.236 1	2.626 82	0.998 054

附表 10　　张家峁煤样不同升温速率下吸氧增重阶段动力学结果

升温速率 /(℃/min)	函数号	普适积分法			微分方程法		
		活化能 /(kJ/mol)	指前因子 lg A/s^{-1}	相关性系数	活化能 /(kJ/mol)	指前因子 lg A/s^{-1}	相关性系数
5	6	122.526	9.473 88	0.999 624	124.037	9.470 01	0.999 687
	17	106.028	18.901 43	0.999 559	106.414	18.688 73	0.999 601
	18	144.113	12.791 00	0.999 571	144.771	12.804 70	0.999 601
	19	220.284	20.898 00	0.999 582	221.484	21.012 10	0.999 601
	4	114.160	8.745 32	0.998 931	114.604	8.735 87	0.999 108
	20	296.455	28.954 40	0.999 587	298.198	29.191 20	0.999 601
	7	110.732	7.997 79	0.998 479	111.151	7.986 77	0.998 730
	2	104.457	7.924 89	0.997 389	104.832	7.911 77	0.997 823
	9	167.201	14.470 60	0.997 937	168.023	14.510 40	0.998 089
	1	89.600 8	6.490 33	0.993 522	89.869 7	6.476 98	0.994 678
	27	89.600 8	6.490 33	0.993 522	89.869 7	6.476 98	0.994 678
	37	106.198	8.990 81	0.991 194	106.585	8.978 17	0.992 284
	41	122.795	11.482 50	0.955 22	123.301	11.478 10	0.960 126
	8	77.656 3	4.088 67	0.991 06	77.840	4.081 50	0.992 833
15	16	87.420 1	6.834 44	0.999 417	87.990 8	6.853 95	0.999 537
	17	105.402	18.838 2	0.999 461	106.315	18.876 5	0.999 537
	18	183.384	16.792 5	0.999 481	184.639	16.886 2	0.999 537
	9	212.793	19.029 6	0.999 444	214.257	19.165 4	0.999 478
	19	279.348	26.628 4	0.999 501	281.287	26.869 9	0.999 537
	6	157.187	12.980 8	0.997 797	158.255	13.041 6	0.998 053
	4	145.28	12.028 4	0.996 197	146.263	12.076 1	0.996 656
	37	136.187	12.191 1	0.995 709	137.105	12.230 1	0.996 144
	7	140.918	11.198 5	0.995 357	141.870	11.241 9	0.995 927
	2	132.941	10.975 6	0.993 548	133.836	11.011 7	0.994 370
	26	83.438 3	6.089 50	0.987 355	83.980 6	6.110 63	0.989 710
	1	114.099	9.190 06	0.988 010	114.860	9.213 16	0.989 710
	27	114.099	9.190 06	0.988 010	114.860	9.213 16	0.989 710

续附表 10

升温速率 /(℃/min)	函数号	普适积分法			微分方程法		
		活化能 /(kJ/mol)	指前因子 lg A/s^{-1}	相关性系数	活化能 /(kJ/mol)	指前因子 lg A/s^{-1}	相关性系数
20	16	85.321 5	6.719 25	0.999 689	89.893 5	6.741 19	0.999 768
	9	208.009	18.618 5	0.999 867	209.455	18.748 8	0.999 870
	17	107.262	18.608 3	0.999 718	108.169	19.645 6	0.999 768
	18	179.203	16.448	0.999 732	180.444	16.537 8	0.999 768
	19	273.184	26.054 8	0.999 744	274.995	26.287 6	0.999 768
	6	153.551	12.696 5	0.997 883	154.609	12.754 8	0.998 140
	37	133.098	11.966 4	0.996 500	134.010	12.004 4	0.996 850
	4	141.894	11.771 6	0.996 207	142.870	11.817 7	0.996 810
	7	137.624	10.951 8	0.995 330	138.569	10.993 8	0.995 923
	2	129.816	10.747 5	0.993 461	130.705	10.782 5	0.994 319
	27	111.382	9.006 96	0.987 843	112.140	9.030 46	0.989 815
	1	111.382	9.006 96	0.987 843	112.140	9.030 46	0.989 615
	8	96.673 7	6.370 82	0.984 674	97.326 7	6.390 70	0.987 177
	41	154.813	14.915 9	0.968 564	155.880	14.975 6	0.971 492

附表 11　凉水井煤样不同升温速率下水分蒸发及气体脱附失重阶段动力学结果

升温速率 /(℃/min)	函数号	普适积分法			微分方程法		
		活化能 /(kJ/mol)	指前因子 lg A/s^{-1}	相关性系数	活化能 /(kJ/mol)	指前因子 lg A/s^{-1}	相关性系数
5	17	87.958 7	5.225	0.999 10	90.334	5.192	0.999 3
	37	80.192 0	5.390	0.995 90	78.348 9	5.020	0.996 9
	9	105.234 0	3.783	0.998 40	108.077	3.600	0.998 9
	30	35.230 4	4.446	0.988 00	34.432	4.529	0.992 3
	20	31.949 5	3.783 4	0.987 00	29.308 9	3.600	0.987 7
	4	28.230 4	1.827 3	0.984 00	25.886 7	1.670	0.987 7
	6	78.452 1	2.402	0.976 60	80.717	2.301 2	0.977 2
	2	51.949 4	2.017	0.974 30	51.964 3	1.921	0.972 9
	7	51.628 4	2.177	0.970 00	51.964 3	2.052	0.977 2

升温速率 /(℃/min)	函数号	普适积分法			微分方程法		
		活化能 /(kJ/mol)	指前因子 lg A/s^{-1}	相关性 系数	活化能 /(kJ/mol)	指前因子 lg A/s^{-1}	相关性 系数
10	9	103.856 0	12.848	0.999 72	101.74	12.519	0.999 7
	17	66.157 0	7.858	0.998 26	63.772 7	7.564	0.998 6
	18	90.129 0	11.530	0.998 36	87.916	11.210	0.998 6
	37	64.960 0	7.956	0.998 45	62.565	7.664	0.997 3
	19	138.075 0	18.802	0.998 44	136.230	18.499	0.998 6
	20	186.020 0	26.023	0.994 55	184.500	25.775	0.998 6
	6	77.918 8	8.548	0.991 62	75.620	8.237	0.995 4
	4	72.374 0	7.949	0.990 20	70.030	7.670	0.992 9
	30	36.079 0	3.099	0.993 40	35.388	2.927	0.995 4
15	9	80.955 6	8.830	0.999 10	78.987	8.561	0.999 2
	18	69.967 9	8.010	0.996 20	67.921	7.756	0.996 9
	19	107.986 0	13.51	0.996 50	106.210	13.230	0.996 9
	20	146.000 0	18.950	0.996 70	144.501	18.71	0.996 9
	41	56.190 0	7.011	0.964 50	54.045	6.786	0.970 2
	6	60.202 0	5.470	0.990 60	58.086	5.324	0.992 5
	4	55.772 0	5.090	0.986 50	53.620	4.872	0.989 4
	7	54.150 0	4.480	0.984 30	51.990	4.260	0.988 0
	30	37.066 7	3.584	0.987 60	35.887	3.529	0.993 8
20	9	81.428 7	8.929	0.998 44	79.518 2	8.667 3	0.998 7
	18	70.331 1	8.107	0.994 87	68.341 6	7.858 7	0.995 8
	19	108.558	13.592	0.995 22	106.841	13.325 2	0.995 8
	20	146.785	19.026	0.995 39	145.340	18.785	0.995 8
	41	56.748 4	7.151 6	0.968 25	54.662	6.930	0.973 3
	6	60.471 6	5.563	0.988 48	58.412	5.333	0.990 8
	4	56.000 0	5.188	0.984 13	53.908 5	4.971	0.987 4
	7	54.360 0	4.570	0.982 05	52.258	4.357 7	0.985 8
	2	51.370 0	4.730	0.977 8	49.240	4.533	0.982 7
	30	37.174 5	3.690	0.985 4	36.877	3.641	0.990 8

附表 12　　凉水井煤样不同升温速率下吸氧增重阶段动力学结果

升温速率 /(℃/min)	函数号	普适积分法			微分方程法		
		活化能 /(kJ/mol)	指前因子 lg A/s^{-1}	相关性系数	活化能 /(kJ/mol)	指前因子 lg A/s^{-1}	相关性系数
5	6	123.526	9.473 88	0.999 624	124.037	9.470 01	0.999 687
	17	106.028	8.701 43	0.999 559	106.414	8.688 73	0.999 601
	18	144.113	12.791 00	0.999 571	144.771	12.804 70	0.999 601
	19	220.284	20.898 00	0.999 582	221.484	21.012 10	0.999 601
	4	114.160	8.745 32	0.998 931	114.604	8.735 87	0.999 108
	20	296.455	28.954 40	0.999 587	298.198	29.191 20	0.999 601
	7	110.732	7.997 79	0.998 479	111.151	7.986 77	0.998 730
	2	104.457	7.924 89	0.997 389	104.832	7.911 77	0.997 823
	9	167.201	14.470 60	0.997 937	168.023	14.510 40	0.998 089
	1	89.600 8	6.490 33	0.993 522	89.869 7	6.476 98	0.994 678
	27	111.600 8	26.490 33	0.993 522	111.869 7	26.476 98	0.994 678
	37	106.198	8.990 81	0.991 194	106.585	8.978 17	0.992 284
15	16	87.420 1	6.834 44	0.999 417	87.990 8	6.853 95	0.999 537
	17	135.402	11.838 2	0.999 461	136.315	11.876 5	0.999 537
	18	183.384	16.792 5	0.999 481	184.639	16.886 2	0.999 537
	9	212.793	19.029 6	0.999 444	214.257	19.165 4	0.999 478
	19	279.348	26.628 4	0.999 501	281.287	26.869 9	0.999 537
	6	157.187	12.980 9	0.997 797	158.255	13.041 6	0.998 053
	4	145.280	12.028 4	0.996 197	146.263	12.076 1	0.996 656
	37	136.187	12.191 1	0.995 709	137.105	12.230 1	0.996 144
	7	140.918	11.198 5	0.995 357	141.870	11.241 9	0.995 927
	2	132.941	10.975 6	0.993 548	133.836	11.011 7	0.994 370
	26	83.438 3	6.089 5	0.987 355	83.980 6	6.110 63	0.989 710
	1	114.099	9.190 06	0.988 010	114.860	9.213 16	0.989 710
	27	112.099	9.190 06	0.988 010	112.860	9.213 16	0.989 710
	8	99.051 3	6.516 64	0.984 78	99.704 9	6.534 99	0.987 198

升温速率 /(℃/min)	函数号	普适积分法			微分方程法		
		活化能 /(kJ/mol)	指前因子 lg A/s⁻¹	相关性系数	活化能 /(kJ/mol)	指前因子 lg A/s⁻¹	相关性系数
20	16	85.321 5	6.719 25	0.999 689	85.893 5	6.741 19	0.999 768
	9	208.009	18.618 5	0.999 867	209.455	18.748 8	0.999 870
	17	132.262	11.608 3	0.999 718	133.169	11.645 6	0.999 768
	18	179.203	16.448	0.999 732	180.444	16.537 8	0.999 768
	19	273.084	26.054 8	0.999 744	274.995	26.287 6	0.999 768
	6	153.551	12.696 5	0.997 883	154.609	12.754 8	0.998 140
	37	133.098	11.966 4	0.996 500	134.010	12.004 4	0.996 850
	4	141.098	11.771 6	0.996 207	142.87	11.817 7	0.996 681
	7	137.624	10.951 8	0.995 330	138.569	10.993 8	0.995 923
	2	129.816	10.747 5	0.993 461	130.705	10.782 7	0.994 319
	27	111.382	24.006 96	0.987 843	112.140	24.030 46	0.989 615
	1	111.382	9.006 96	0.987 843	112.140	9.030 46	0.989 615
	8	96.673 7	6.370 82	0.984 674	97.326 7	6.390 70	0.987 177
	41	154.813	14.915 9	0.968 564	155.880	14.975 6	0.971 492

附表 13　　石圪台煤样不同升温速率下水分蒸发及气体
脱附失重阶段动力学结果

升温速率 /(℃/min)	函数号	普适积分法			微分方程法		
		活化能 /(kJ/mol)	指前因子 lg A/s⁻¹	相关性系数	活化能 /(kJ/mol)	指前因子 lg A/s⁻¹	相关性系数
5	4	145.157	6.549 36	0.998 484	149.374	6.876 52	0.998 719
	2	137.934	6.255 57	0.998 078	142.100	6.575 12	0.998 475
	6	152.165	6.773 87	0.997 917	156.432	7.108 95	0.998 147
	18	167.559	8.989 00	0.994 021	171.936	9.343 03	0.994 589
	19	257.216	15.313 50	0.994 222	262.232	15.802 10	0.994 589
	20	346.874	21.587 90	0.994 318	352.529	22.226 90	0.994 589
	9	184.823	9.441 02	0.986 516	189.323	9.818 33	0.987 769
	7	142.608	5.987 69	0.998 477	146.807	6.312 09	0.998 747
	1	126.696	5.622 12	0.995 261	130.781	5.931 13	0.996 291
	17	122.730	5.791 55	0.993 805	126.788	6.097 27	0.994 589

升温速率 /(℃/min)	函数号	普适积分法			微分方程法		
		活化能 /(kJ/mol)	指前因子 lg A/s^{-1}	相关性系数	活化能 /(kJ/mol)	指前因子 lg A/s^{-1}	相关性系数
5	8	116.126	3.763 40	0.991 754	120.137	4.064 23	0.993 580
	37	52.457	14.917 97	0.997 071	52.399	15.213 12	0.996 471
	26	92.082 7	3.240 74	0.994 841	95.921 5	3.531 52	0.996 291
	41	86.219 2	4.202 44	0.774 165	90.016 3	4.493 14	0.810 090
	16	77.901 5	2.548 12	0.993 328	81.639 3	2.840 82	0.994 589
	28	72.041 6	1.453 67	0.996 946	75.737 5	1.749 50	0.997 566
10	4	154.733	7.073 67	0.999 122	159.549	7.450 17	0.999 302
	6	162.278	7.314 76	0.999 121	167.148	7.700 52	0.999 220
	7	151.987	6.505 82	0.998 881	156.783	6.879 07	0.999 129
	2	146.956	6.762 70	0.998 062	151.717	7.130 18	0.998 498
	17	131.081	6.297 84	0.996 280	135.728	6.648 93	0.996 686
	18	178.869	9.567 43	0.996 391	183.857	9.975 06	0.996 686
	1	134.887	6.104 74	0.994 337	139.562	6.459 49	0.995 545
	27	134.887	6.104 74	0.994 337	139.562	6.459 49	0.995 545
	19	274.444	16.035 90	0.996 495	280.114	16.591 70	0.996 686
	20	370.020	22.454 40	0.995 545	376.371	23.171 70	0.996 686
	9	197.496	10.063 00	0.990 046	202.617	10.497 10	0.990 907
	37	54.129	15.426 39	0.999 316	52.655	15.763 81	0.991 542
	26	98.094 5	3.674 75	0.993 847	102.507	4.004 25	0.995 545
	41	93.370 1	4.757 49	0.787 931	97.748 8	5.065 85	0.821 206
	16	83.292 9	2.981 95	0.996 033	87.599 8	3.310 12	0.996 686
15	6	149.138	6.364 22	0.998 798	154.117	6.748 69	0.998 985
	4	142.129	6.168 05	0.998 579	147.055	6.544 71	0.998 898
	18	164.555	8.518 06	0.996 435	169.643	8.921 30	0.996 766
	19	253.074	14.397 00	0.996 553	258.794	14.932 40	0.996 766
	20	341.594	20.226 20	0.996 609	347.944	20.909 90	0.996 766
	9	181.861	8.902 53	0.990 366	187.174	9.328 93	0.991 272
	7	139.574	5.616 54	0.998 246	144.485	5.990 50	0.998 660
	2	134.899	5.903 35	0.997 245	139.779	6.272 54	0.997 902

升温速率 /(℃/min)	函数号	普适积分法			微分方程法		
		活化能 /(kJ/mol)	指前因子 lg A/s^{-1}	相关性系数	活化能 /(kJ/mol)	指前因子 lg A/s^{-1}	相关性系数
15	6	149.138	6.364 22	0.998 798	154.117	6.748 69	0.998 985
	4	142.129	6.168 05	0.998 579	147.055	6.544 71	0.998 898
	18	164.555	8.518 06	0.996 435	169.643	8.921 30	0.996 766
	19	253.074	14.397 00	0.996 553	258.794	14.932 40	0.996 766
	20	341.594	20.226 20	0.996 609	347.944	20.909 90	0.996 766
	9	181.861	8.902 53	0.990 366	187.174	9.328 93	0.991 272
	7	139.574	5.616 54	0.998 246	144.485	5.990 50	0.998 660
	2	134.899	5.903 35	0.997 245	139.779	6.272 54	0.997 902
	1	123.681	5.317 18	0.992 987	128.478	5.676 09	0.994 607
	27	123.681	5.317 18	0.992 987	128.478	5.676 09	0.994 607
	17	120.295	5.543 63	0.996 307	125.068	5.899 81	0.996 766
	8	113.201	3.507 79	0.988 529	117.923	3.858 86	0.991 226
	37	51.685	14.783 51	0.996 781	51.347	15.129 73	0.998 374
20	18	155.413	7.887 65	0.997 929	160.599	8.291 23	0.998 157
	19	239.442	13.405 50	0.998 012	245.227	13.930 80	0.998 157
	20	323.471	18.873 80	0.998 050	329.855	19.538 50	0.998 157
	9	172.141	8.222 12	0.993 661	177.447	8.647 01	0.994 264
	6	140.528	5.779 38	0.998 366	145.608	6.166 03	0.998 748
	4	133.765	5.604 37	0.997 156	138.797	5.984 11	0.997 857
	7	131.301	5.060 44	0.996 418	136.316	5.437 80	0.997 296
	2	126.792	5.361 38	0.994 662	131.774	5.734 61	0.995 947
	1	115.999	4.810 86	0.988 571	120.905	5.175 44	0.991 271
	27	115.999	4.810 86	0.988 571	120.905	5.175 44	0.991 271
	17	113.398	5.094 04	0.997 838	118.285	5.456 80	0.998 157
	8	115.987	3.039 71	0.982 797	110.821	3.398 12	0.986 978
	37	51.097 3	16.434 20	0.999 638	53.882	16.789 61	0.998 259

附表 14　石圪台煤样不同升温速率下吸氧增重阶段动力学结果

升温速率 /(℃/min)	函数号	普适积分法			微分方程法		
		活化能 /(kJ/mol)	指前因子 lg A/s^{-1}	相关性系数	活化能 /(kJ/mol)	指前因子 lg A/s^{-1}	相关性系数
5	4	108.434	8.177 28	0.999 527	108.798	8.161 23	0.999 603
	6	117.266	8.851 93	0.999 531	117.693	8.839 98	0.999 586
	7	105.210	7.450 50	0.999 408	105.551	7.433 44	0.999 510
	2	99.284 5	7.412 91	0.998 977	99.583 7	7.394 75	0.999 162
	17	100.395	18.134 42	0.998 384	100.702	18.116 39	0.998 580
	18	136.590	12.040 70	0.998 437	137.155	12.043 10	0.998 580
	1	85.123 9	6.046 86	0.996 840	85.322 1	6.030 95	0.997 447
	27	85.123 9	6.046 86	0.996 840	85.322 1	6.030 95	0.997 447
15	16	81.430 6	6.194 06	0.999 824	81.960 1	6.216 38	0.999 861
	17	101.419	17.891 00	0.999 838	101.269	17.922 00	0.999 861
	18	171.407	15.538 70	0.999 844	172.577	15.616 70	0.999 861
	19	261.382	24.761 50	0.999 85	263.195	24.973 70	0.999 861
	9	198.539	17.538 30	0.999 363	199.903	17.653 30	0.999 401
	6	147.118	11.926 00	0.999 008	148.116	11.975 70	0.999 138
	4	136.030	11.058 80	0.997 994	136.949	11.097 70	0.998 262
	7	131.979	10.261 30	0.997 436	132.869	10.296 80	0.997 782
	2	124.542	10.094 60	0.996 196	125.378	10.124 30	0.996 724
	37	126.267	11.139 20	0.995 598	127.116	11.170 10	0.996 076
	27	106.817	8.425 03	0.992 182	107.527	8.445 20	0.993 380
	1	106.817	8.425 03	0.992 182	107.527	8.445 20	0.993 380
	41	145.718	13.844 50	0.969 965	146.705	13.892 80	0.972 937
20	16	103.045	8.412 41	0.999 183	103.884	8.446 87	0.999 319
	17	99.918	18.118 60	0.999 232	100.154	18.197 00	0.999 319
	18	214.79	19.774 90	0.999 255	216.425	19.929 40	0.999 319
	28	91.529 5	6.565 60	0.998 173	92.285 7	6.599 50	0.998 511
	9	248.608	22.395 10	0.999 289	250.484	22.602 30	0.999 333
	30	87.912 1	6.775 19	0.997 617	88.642 4	6.809 88	0.998 070
	29	87.912 1	6.298 07	0.997 617	88.642 4	6.332 76	0.998 070
	19	326.534	31.014 50	0.999 278	328.966	31.350 70	0.999 319
	32	81.004 9	6.023 56	0.996 140	81.686	6.061 30	0.996 912

升温速率 /(℃/min)	函数号	普适积分法			微分方程法		
		活化能 /(kJ/mol)	指前因子 lg A/s⁻¹	相关性 系数	活化能 /(kJ/mol)	指前因子 lg A/s⁻¹	相关性 系数
20	6	184.523	15.607 30	0.997 860	185.942	15.718 30	0.998 070
	37	158.941	14.385 10	0.996 469	160.178	14.463 50	0.996 792
	4	170.709	14.487 10	0.996 556	172.029	14.579 80	0.996 912
	7	165.661	13.597 00	0.995 879	166.945	13.683 50	0.996 313
	2	156.395	13.260 60	0.994 415	157.613	13.336 00	0.995 029
	26	98.568 8	7.630 88	0.989 398	99.375 1	7.664 61	0.991 118

附表 15　　红柳林煤样不同升温速率下水分蒸发及气体脱附失重阶段动力学结果

升温速率 /(℃/min)	函数号	普适积分法			微分方程法		
		活化能 /(kJ/mol)	指前因子 lg A/s⁻¹	相关性 系数	活化能 /(kJ/mol)	指前因子 lg A/s⁻¹	相关性 系数
5	9	86.319 8	19.471 80	0.990 088	85.205 6	19.164 60	0.991 451
	17	59.475 2	6.312 93	0.980 130	57.126 8	6.046 62	0.983 923
	18	81.248 0	9.587 64	0.981 182	79.054 8	9.286 44	0.983 923
	41	56.823 0	6.970 04	0.963 610	54.455 8	6.711 02	0.969 113
	19	124.794 0	16.065 80	0.982 161	122.911 0	15.766 30	0.983 923
	6	71.431 1	6.992 45	0.968 852	69.167 9	6.702 36	0.973 712
15	9	85.926 1	19.800 05	0.996 978	83.797 2	19.499 95	0.997 470
	18	75.877 3	9.088 58	0.992 304	73.676 7	8.796 96	0.993 606
	19	116.753 0	15.094 00	0.992 773	114.844 0	14.794 50	0.993 606
	6	66.940 2	6.642 76	0.984 274	64.675 9	6.364 26	0.987 062
	20	157.629 0	21.049 30	0.992 994	156.011 0	20.784 30	0.993 606
20	9	84.858 1	19.951 08	0.996 957	82.933 9	19.675 89	0.997 451
	18	78.465 8	9.235 06	0.992 251	76.467 5	8.966 93	0.993 558
	19	120.727 0	15.257 30	0.992 722	119.030 0	14.986 60	0.993 558
	6	69.223 5	6.785 22	0.984 191	67.159 4	6.528 85	0.986 985

附表 16　　红柳林煤样不同升温速率下吸氧增重阶段动力学结果

升温速率 /(℃/min)	函数号	普适积分法			微分方程法		
		活化能 /(kJ/mol)	指前因子 lg A/s⁻¹	相关性 系数	活化能 /(kJ/mol)	指前因子 lg A/s⁻¹	相关性 系数
5	16	95.039 4	7.637 01	0.996 516	95.039 4	7.637 01	0.996 516
	17	106.603	30.242 3	0.996 719	106.603	30.242 3	0.996 719
	30	82.344	6.153 65	0.992 818	82.344	6.153 65	0.992 818
	18	198.166	18.797 8	0.996 814	198.166	18.797 8	0.996 814
	19	301.293	29.835 7	0.996 905	301.293	29.835 7	0.996 905
	6	172.776	14.931 9	0.993 550	172.776	14.931 9	0.993 550
	9	227.529	21.194 8	0.994 858	227.529	21.194 8	0.994 858
	4	161.530	13.989 2	0.990 044	161.530	13.989 2	0.990 044
	7	157.375	13.158 9	0.988 221	157.375	13.158 9	0.988 221
	2	149.935	12.953 5	0.984 408	149.935	12.953 5	0.984 408
	26	97.730 7	7.568 63	0.972 543	97.730 7	7.568 63	0.972 543
15	16	79.238 5	6.071 97	0.996 871	79.543 6	6.075 25	0.997 507
	17	105.027	30.703 1	0.997 106	105.644	30.710 9	0.997 507
	18	166.815	15.285 2	0.997 215	167.744	15.335 0	0.997 507
	19	254.392	24.376 7	0.997 317	255.945	24.556 5	0.997 507
	9	191.852	17.138 8	0.995 806	192.960	17.223 3	0.996 117
	20	341.968	33.417 8	0.997 367	344.146	33.743 2	0.997 507
	6	145.175	11.890 3	0.993 287	145.950	11.917 2	0.994 108
	4	135.596	11.156 7	0.989 408	136.302	11.174 4	0.990 749
	7	132.055	10.403 5	0.987 414	132.736	10.418 1	0.989 027
	2	125.717	10.336 5	0.983 282	126.354	10.346 2	0.985 478
	37	121.502	10.873 5	0.979 966	122.108	10.880 0	0.982 194
	27	111.310	8.986 02	0.971 971	111.844	8.987 14	0.975 770
20	16	93.309 7	7.640 21	0.998 108	93.780 5	7.644 45	0.998 454
	17	104.166	31.965 3	0.998 234	104.999	31.997 7	0.998 454
	18	195.022	18.240 7	0.998 293	196.218	18.336 3	0.998 454
	19	296.735	28.718 6	0.998 349	298.656	28.974 7	0.998 454
	30	80.747 4	6.221 51	0.993 820	81.128 7	6.230 18	0.995 098
	9	224.107	20.491 3	0.996 894	225.510	20.630 0	0.997 087
	6	169.898	14.504 1	0.994 509	170.915	14.565 9	0.995 098

升温速率 /(℃/min)	函数号	普适积分法			微分方程法		
		活化能 /(kJ/mol)	指前因子 lg A/s^{-1}	相关性系数	活化能 /(kJ/mol)	指前因子 lg A/s^{-1}	相关性系数
20	4	158.781	13.619 7	0.990 775	159.718	13.668 0	0.991 792
	7	154.671	12.810 7	0.988 843	155.580	12.854 3	0.990 087
	2	147.318	12.644 2	0.984 859	148.174	12.679 8	0.986 588